Christine von Buttlar, Marianne Karpenstein-Machan, Roland Bauböck

ANBAUKONZEPTE FÜR ENERGIEPFLANZEN IN ZEITEN DES KLIMAWANDELS

Beitrag zum Klimafolgenmanagement in der Metropolregion Hannover-Braunschweig-Göttingen-Wolfsburg

ibidem-Verlag
Stuttgart

Bibliografische Information der Deutschen Nationalbibliothek
Die Deutsche Nationalbibliothek verzeichnet diese Publikation in der Deutschen Nationalbibliografie; detaillierte bibliografische Daten sind im Internet über http://dnb.d-nb.de abrufbar.

Bibliographic information published by the Deutsche Nationalbibliothek
Die Deutsche Nationalbibliothek lists this publication in the Deutsche Nationalbibliografie; detailed bibliographic data are available in the Internet at http://dnb.d-nb.de.

∞

Gedruckt auf alterungsbeständigem, säurefreien Papier
Printed on acid-free paper

ISSN: 1614-4716

ISBN-13: 978-3-8382-0525-0

Printed in Germany

Vorwort des Herausgebers

Die Reihe „Erdsicht – Einblicke in geographische und geoinformationstechnische Arbeitsweisen“ soll Forschungsergebnisse und Arbeiten im Bereich der Erdsystemforschung vorstellen. Die Betrachtung der Erde als System ist als Inhalt heutiger und zukünftiger geowissenschaftlicher Gemeinschaftsforschung dringend gefordert. Die Herausforderungen liegen u.a. in der Erforschung der vielfältigen Interaktionen zwischen den verschiedenen Teilbereichen des Systems Erde. Hierzu zählen Wechselwirkungen zwischen fester Erde und Atmosphäre, zwischen der Landoberfläche und der Hydrosphäre oder zwischen Biosphäre, Hydrosphäre und Atmosphäre.

Der Mensch steht dabei mit seinen zentralen Nutzungsansprüchen (Ernährung – landwirtschaftliche Nutzung – Ressourcennutzung – Energieversorgung) im Mittelpunkt eines vielfach vernetzten Erdsystems. Der Mensch verändert Landschaften und Atmosphäre und greift somit in alle Skalenbereiche des Erdsystems ein. Insofern müssen diese Veränderungen beobachtet und bewertet werden, damit Konzepte für ein nachhaltiges Erdsystemmanagement auf den unterschiedlichen Raum- und Zeitskalen entwickelt werden können. Die neuen Geoinformationstechniken (Geostatistik; Geographische Informationssysteme – GIS; luft- und satellitengestützte Fernerkundungssysteme – Remote Sensing) helfen dabei, das System Erde zu beobachten und zu begreifen.

Der vorliegende Band mit dem Titel **„Anbaukonzepte für Energiepflanzen in Zeiten des Klimawandels“** von Christine von Buttlar, Marianne Karpenstein-Machan und Roland Bauböck greift ein aktuelles Problem der Klimafolgenforschung auf und knüpft an den bereits erschienenen ERDSICHT-Band „Bioenergie im Landkreis Göttingen. GIS-gestützte Biomassepotenzialabschätzung anhand ausgewählter Kulturen, Triticale und Mais“ thematisch an.

Die Kernfrage dabei ist, welche konkreten Auswirkungen der Klimawandel auf regionaler Ebene (z.B. Agrarproduktion, Energieversorgung) haben wird und wie wir uns an die daraus resultierenden Probleme anpassen können? Hierzu sind neue Managementstrategien für unsere Landwirtschaft und Energieerzeugung gefragt. Das vorliegende Buch in der Reihe „ERDSICHT“ fasst die Ergebnisse des interdisziplinären Forschungsprojektes „Regionales Management von Klimafolgen durch nachhaltige standort- und klimaangepasste Anbaukonzepte für Energiepflanzen“ zusammen und liefert wichtige Kernaussagen für zukünftige Entscheidungsträger.

Martin Kappas

Inhaltsverzeichnis

Tabellenverzeichnis

Abbildungsverzeichnis

Abkürzungsverzeichnis

A1B	Klimaszenario (Zeiträume 2021-2050 sowie 2071-2100)
BBCH	Entwicklungsstadien
BFI	Blattflächenindex
BioSTAR	Biomass Simulation Tool for Agricultural Resources
BMBF	Bundesministerium für Bildung und Forschung
BTL	Biomass to Liquid
C	Kohlenstoff
CC	Cross Compliance
CCM	Corn Crob Mix
CLM Modellierung	Climate Local Model-Daten
CO_2	Kohlenstoffdioxid
dt	Dezitonne
DWD	Deutscher Wetterdienst
ETK	Evapotranspirationskoeffizient
FAO (and Water Division)	Food and Agriculture Organization of the United Nations
Ff	Fruchtfolge
GIS	Geoinformationssysteme
Gö	Göttingen
GPS	Ganzpflanzensilage
ha	Hektar
HAWK	Hochschule für angewandte Wissenschaft und Kunst
Hi	Hildesheim
I+K-Plattform	Internetportal Klimafolgenmanagementprojekt
IPCC	Intergovernmental Panel on Climate Change
IZNE	Interdisziplinäres Zentrum für Nachhaltige Entwicklung der
K	Kalium
kg	Kilogramm
KUP	Kurzumtriebsplantage
l	Liter
LBEG	Landesamt für Bergbau, Energie und Geologie
LBG	Landsberger Gemenge
LG	Leitgebiet
LK	Landkreis
LSKN	Landesbetrieb für Statistik und Kommunikationstechnologie
Mf	Marktfrucht
Mg	Magnesium
mm	Millimeter
N	Stickstoff
Nd.	Niederschlag
nFK	nutzbare Feldkapazität
nFKWe	nutzbare Feldkapazität des effektiven Wurzelraumes
NO_2	Stickstoffdioxid
P	Phosphor
pH	pH-Wert, Maß für den sauren oder basischen Charakter einer
PK	Phospor-Kali
RA	Winterraps

RME	Rapsmethylester
RO	Roggen
RS-US	Rotschwingel-Untersaat
S	Schwefel
Sommerhj.	Sommerhalbjahr
SWOT-ANALYSE	Stärken- Schwächen-Analyse
t	Tonne
Temp.	Temperatur
TM	Trockenmasse
UE	Celle (Uetze)
US	Untersaat
W	Winter
WG	Wintergerste
WG-US	Weidelgras-Untersaat
Winterhj.	Winterhalbjahr
WI-US	Wicken-Untersaat
WW	Winterweizen
ZR	Zuckerrüben

1 EINLEITUNG UND ZIELSTELLUNG

1.1 Forschungsverbundprojekt „Klimafolgenmanagement"

Das vorliegende Buch „Regionales Management von Klimafolgen durch nachhaltige standort- und klimaangepasste Anbaukonzepte für Energiepflanzen" wurde im Rahmen des vom Bundesministerium für Bildung und Forschung (BMBF) geförderten Verbundprojektes „Regionales Management von Klimafolgen in der Metropolregion Hannover-Braunschweig-Göttingen" erstellt und deckt im Kontext des großen Verbundprojektes den Arbeitsbereich Energiepflanzenanbau ab.

Das Forschungsverbundprojekt ist Bestandteil der Fördermaßnahme „klimazwei – Forschung für den Klimaschutz und Schutz vor Klimaauswirkungen" des Rahmenprogramms des BMBF: „Forschung für Nachhaltigkeit". Das dreijährige Projekt wurde im Juni 2011 beendet. Es wurde das primäre Ziel verfolgt, eine übertragbare Methodik für die Entwicklung von Managementstrategien zur Klimaanpassung zu erarbeiten und in ausgesuchten Teilräumen der Metropolregion umzusetzen. Dabei wurde eine enge Zusammenarbeit und Vernetzung zwischen Wissenschaft und Praxis angestrebt.

Um diese Ziele zu erreichen, wurden die Arbeitsbereiche „Basiswissen", „Wirkungsbereiche" sowie „Networking/Bildung" 7 Teilprojekten zugeordnet. Abbildung 1 zeigt die Struktur des Verbundprojektes. Im Teilprojekt „Energiepflanzen" (FE2) wirkten die Forschungsinstitutionen Landesamt für Bergbau, Energie und Geologie (LBEG), das Interdisziplinäre Zentrum für Nachhaltige Entwicklung der Universität Göttingen (IZNE), die Hochschule für angewandte Wissenschaft und Kunst (HAWK) und die Geo-Net Umweltconsulting GmbH zusammen. In diesem Teilprojekt wurden auf der Basis der bereitgestellten Klimaprognosen durch die Meteorologiegruppe (FE1) Strategien für den Energiepflanzenanbau und die -nutzung vor dem Hintergrund des Klimawandels erarbeitet.

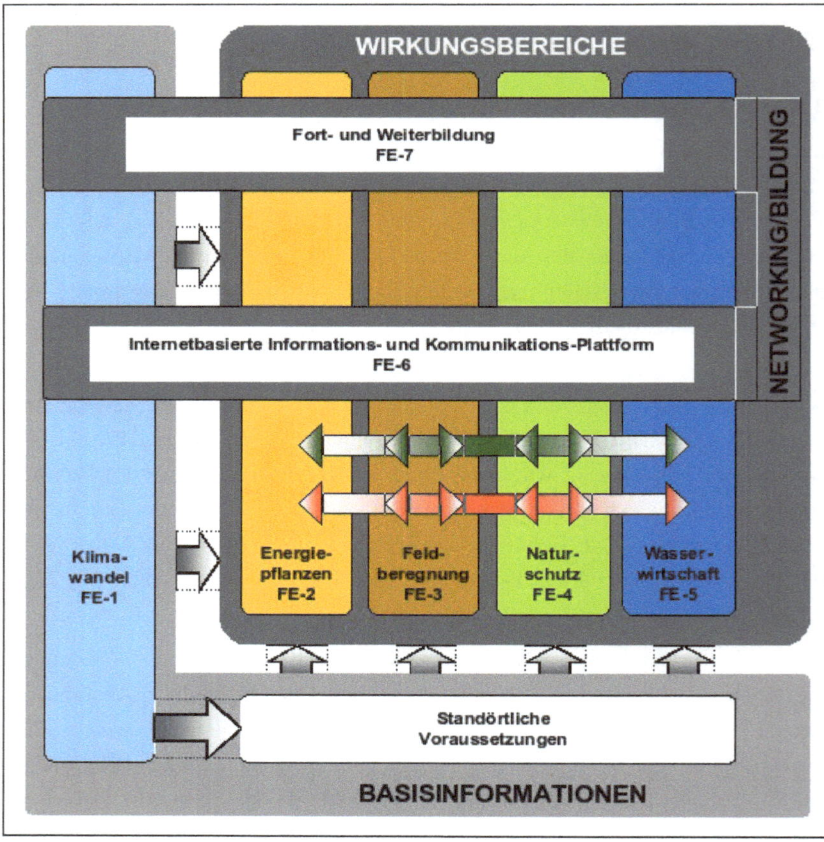

Abbildung 1: Struktur des Forschungsverbundprojektes (www. klimafolgenmanagement.de)

1.2 Teilprojekt Energiepflanzen

Schwerpunkt des Teilprojektes „FE 2 Energiepflanzen“ ist die Entwicklung von Konzepten zur Sicherung einer nachhaltigen Biomasseproduktion und Bioenergieerzeugung unter veränderten Klimabedingungen.

Die meteorologischen Grundlagen zur prognostizierten Klimaveränderung wurden durch die Universität Hannover im Teilprojekt 1 in Form von Climate Local Model-Daten (CLM-Daten) weiter bearbeitet und als hoch auflösende regionale Klimadaten mit einer Auflösung von 1x1 km für drei Zeiträume, 1961-1990 (Ist-Zustand), 2021-

2050 (Ende der ersten Hälfte des Jahrhunderts) und 2071-2100 (Ende der zweiten Hälfte des Jahrhunderts) für die Projektpartner und für die darauf aufbauenden weiteren Bearbeitungsschritte im Teilprojekt Energiepflanzen (Abb. 2) bereitgestellt.

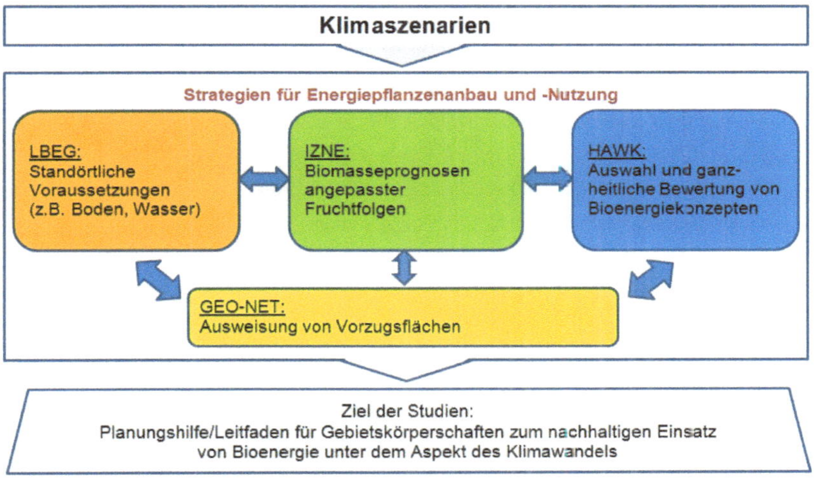

Abbildung 2: Struktur und Arbeitsbereiche des Teilprojektes Energiepflanzen (www.klimafolgenmanagement.de)

Schwerpunkt der Arbeiten des IZNE innerhalb dieses Projektes ist die Bewertung dieser prognostizierten Klimafolgen für den Anbau von Energiepflanzen innerhalb der Metropolregion.

In einem ersten Schritt wird eine Bestandsaufnahme zur Erfassung der Anbaubedingungen in der Metropolregion im Hinblick auf die Standorteigenschaften der potenziell zur Energieerzeugung geeigneten Energiepflanzen durchgeführt.

- Es erfolgt eine Auswertung der Klimadaten für die Vegetationszeiten der wichtigsten Kulturen der Metropolregion entsprechend ihrer unterschiedlichen Temperaturansprüche im Hinblick auf die künftigen Anbaubedingungen.
- Vertiefend werden für drei repräsentative Leitgebiete in der Metropolregion für standortangepasste Energiepflanzen Ertragsprognosen für drei Zeiträume (Ist-Zustand, 2021-2050 und 2075-2100) mit einem Pflanzenwachstumsmodell

modelliert. Anhand der statistischen Daten der Metropolregion erfolgt eine Validierung des eingesetzten Pflanzenwachstumsmodells „BioSTAR“ von *BAUBÖCK* (2010, 2013).

- Aufbauend auf den Erkenntnissen aus den Klimaprognosen, der Wachstums- und Entwicklungsgeschwindigkeit und der Erträge der Energiepflanzen auf Basis der pflanzenbaulichen Modellierung in den drei Prognosezeiträumen werden regional angepasste Fruchtfolgen für zwei in der Metropolregion typische Standorteigenschaften entwickelt. Diese Fruchtfolgen werden für unterschiedliche „Produktlinien“ zur Erzeugung von Bioenergie aus Energiepflanzen entwickelt. Berücksichtigt werden Biogas-, Ethanol-, Biodiesel- und BTL- orientierte Fruchtfolgen als reine Energiefruchtfolgen sowie als Mischfruchtfolgen mit Marktfrüchten. Für die thermische Nutzung werden Dauerkulturen vorgeschlagen.
- Abschließend werden Maßnahmen zur Kulturartenwahl, Fruchtfolgegestaltung, Düngeplanung, Bodenbearbeitung und Pflanzenzüchtung vorgeschlagen und Empfehlungen ausgesprochen. Es werden sowohl die Perspektiven zur Optimierung als auch die Grenzen der Anpassung aufgezeigt.

Die wichtigsten Ergebnisse sind auch auf der im Rahmen des Forschungsvorhabens entwickelten internetbasierten Informations- und Kommunikationsplattform (I+K-Plattform: *www.klimafolgenmanagement.de*) für Gemeinden, Verwaltungen und andere Entscheidungsträger verfügbar.

2 MATERIAL UND METHODEN

2.1 Gebietsübersicht und Standortbedingungen der Leitgebiete

Die folgende Abbildung stellt die Lage der Metropolregion Hannover-Brauschweig-Göttingen-Wolfsburg im südöstlichen Teil Niedersachsens sowie die Lage der drei für vertiefende Untersuchungen ausgewählten Leitgebiete dar:

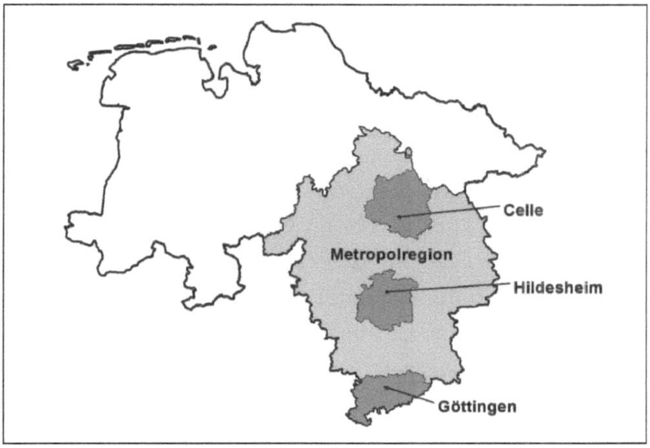

Abbildung 3: Lage der Metropolregion und der Leitgebiete in Niedersachsen

Der im südlichen Teil der Metropolregion gelegene Landkreis **Göttingen** repräsentiert landwirtschaftlich ertragreiche Böden mit mittleren nutzbaren Feldkapazitäten von 183 mm und im Mittel 62 Bodenpunkten bei gleichzeitig mittlerem bis hohem Niederschlagsniveau. Die Gemeinde Krebeck-Wollbrandshausen dient in diesem Leitgebiet als Modellgemeinde für weiterführende Untersuchungen z.B. für die Ertragsmodellierungen vor dem Hintergrund des Klimawandels.

Der im zentralen Bereich der Metropolregion gelegene Landkreis **Hildesheim** weist mit Göttingen vergleichbare Klimabedingungen aber mit geringeren mittleren nutzbaren Feldkapazitäten von 132 mm und geringeren Bodenpunkten (54) auf. Die Gemeinde Alfeld dient im Landkreis Hildesheim als Modellgemeine für weiterführende Untersuchungen.

Im nördlichen Bereich der Metropolregion im Landkreis **Celle** überwiegen sandige Böden mit nutzbaren Feldkapazitäten von im Mittel 113mm und 54 Bodenpunkten bei gleichzeitig im Vergleich zu den anderen Leitgebieten geringem Niederschlagsniveau. Hier werden die in der Metropolregion höchsten Jahresmitteltemperaturen gemessen. Das Leitgebiet Celle stellt schon heute ein klassisches Beregnungsgebiet dar und ohne Zusatzbewässerung würden deutlich geringere Ertragsleistungen als die in der Statistik des Landes ausgewiesenen Erträge erreicht. Die Gemeinde Uetze dient im Leitgebiet Celle als Modellgemeinde für weiterführende Untersuchungen z. B. zur Ertragsmodellierung.

2.2 CLM Daten und Klimaszenarien

Zur Beschreibung von Auswirkungen des Klimawandels auf die künftigen Anbaubedingungen und Ertragsleistungen sowie Ableitung der Anpassungsstrategien wird auf die Auswertungen des Teilprojektes Klimawandel (FE1) zurückgegriffen. Innerhalb des Verbundprojektes wurde sich geeinigt, bei den Zukunftsszenarien das Szenario A1B des Intergovernmental Panel on Climate Change (IPCC) der Vereinten Nationen zu verwenden. Das A1B Szenario ist unter den 40 verschiedenen Szenarien eines, das oft für Klimaprojektionen als Referenz herangezogen wird. Bei diesem Szenario wird das Ziel, die Erderwärmung auf 2°C zu begrenzen zwar verfehlt, eine extreme Klimaveränderung wird aber vermieden (*IPCC, 2007*).

Das Teilprojekt „Klimawandel" bearbeitete die CLM- Klimadaten, die in einer Auflösung von 20x20 km vorlagen und regionalisierte diese auf eine Auflösung von 1x1 km mit dem Lokalmodell FITNAH. Es wurde ein Vergleich der Klimaszenarien aus den Perioden 1961-1990, 2021-2050 und 2071-2100 durchgeführt (*KRAUSE u. GROSS, 2011*).

Niederschlags- und Temperaturänderungen in diesen Zeiträumen sind Grundlage der in FE 2 durchgeführten Ableitung der Vegetationszeiten sowie der Ertragsmodellierung. Allerdings wurde zur Beschreibung der aktuellen Ausgangssituation auf regionale Mittelwerte des Deutschen Wetterdienstes (DWD) im Zeitraum 1961-1990 zurückgegriffen, da die modellierten Klimadaten des Zeitraums 1961-1990 (Ist-Zustand) insbesondere beim Niederschlag deutliche Abweichungen von den gemessenen DWD-Daten zeigten. In Anlehnung an die DWD-Daten wurden die modellierten Klimadaten für die Prognosezeiträume 2021-2050 und 2071-2100 für die Niederschläge angepasst.

2.3 Beschreibung des Klimas und der phänologischen Phasen unterschiedlicher Kulturen im Ist-Szenario

Als Grundlage einer Szenarien-Entwicklung zur Beschreibung des Klimawandels in der Zukunft erscheint es sinnvoll, zuerst mit einem Rückblick in die Vergangenheit zu beginnen. Wie lässt sich das aktuelle Klima beschreiben? Mit welchen Veränderungen haben wir schon heute zu tun? Lassen sich in den letzten rund 60 Jahren Trends erkennen? Wie haben sich die Erträge der regionaltypischen Kulturen entwickelt und sind hier ebenfalls Trends zu erkennen? Sind Änderungen in der phänologischen Entwicklung dieser Kulturen feststellbar? Und lassen sich Zusammenhänge zum Klima oder anderen Faktoren wie dem Züchtungs- oder technischen Fortschritt erkennen? Um diesen Fragen nachzugehen, wurden zu Beginn des Vorhabens Klimadaten und phänologische Aufzeichnungen des Deutschen Wetterdienstes für Niedersachsen aus der Vergangenheit für die drei Leitgebiete ausgewertet.

Klimadaten: Die Klimadaten Niederschlagssumme und Tagesdurchschnittstemperatur liegen für den Zeitraum von 1951 bis 2007 als Tageswerte vor und wurden vom DWD an jeweils einer Messstelle je Landkreis erhoben. Diese Daten wurden durch accessbasierte Auswertungen zu Monats- bzw. Halbjahres- und Jahreswerten und zu phänophasenbezogenen Summen- bzw. Mittelwerten verrechnet. Es erfolgten ebenfalls Analysen, in denen die Jahreswerte über zwei Zeitintervalle (1961-1990; 1991-2007) gemittelt wurden. Diese Vorgehensweise trägt der Kenntnis Rechnung, dass eine Beschleunigung des Klimawandels ab den 90iger Jahren erfolgte (*CHMIELEWSKI, 2007a*). Die Analysen wurden für die Leitregionen und für Niedersachsen durchgeführt.

Phänologische Daten: Phänologische Daten werden ebenfalls vom DWD an Leitstandorten jährlich erfasst. Hier wurde jeweils auf eine das Leitgebiet am besten repräsentierende Messstelle zurückgegriffen. Es wurden die Termine für Aussaat, Feldaufgang, Blüte, Gelbreife, Ernte erfasst, wobei nicht immer für alle Pflanzenarten Daten zu allen Jahren bzw. an allen Stationen vorlagen. So konnten für die Kultur Mais aufgrund mangelnder Datengrundlage keine Aussagen getroffen werden.

Ertragsdaten: Die Ertragsdaten werden vom Landesamt für Statistik Niedersachsen (LSKN) auf Gemeindeebene vorgehalten und wurden für diese Auswertung für den Zeitraum 1949 – 2007 sowie für den kürzeren Zeitraum 1978 bis 2008 verwendet. Ab 1978 wurden u.a. die Erhebungsräume vom LSKN neu definiert, so dass hier eigene Anpassungen zur Erstellung vergleichbarer Datenreihen erforderlich waren.

2.4 Ertragsdaten des Landesamtes für Statistik Niedersachsen

Regionale Ertragsdaten und Flächennutzungsdaten werden von Landesamt für Statistik Niedersachsen auf Gemeindeebene vorgehalten und alle 3 - 5 Jahre fortgeschrieben. Diese Daten wurden für die gesamte Metropolregion auf Landkreisebene und zur Beschreibung der aktuellen Situation bis heute ausgewertet. Neben der Darstellung von Ertragsentwicklungen wurden Veränderungen der Fruchtartenverhältnisse betrachtet. Ferner gehen die mittleren Erträge der Leitgebiete als Grundlage zur Beschreibung des Ist- Zustandes und als Referenz für die modellierten Erträge der Klimaszenarien aus den Perioden 1961-1990, 2021-2050 und 2071-2100 in die Ergebnisdarstellung ein (Kap. 4.2).

2.5 Ertragsmodellierung mit BioSTAR

Für die Modellierung der Biomasseerträge in den drei Leitgebieten wurde das Biomasseertragsmodell BioSTAR (Biomass Simulation Tool for Agricultural Resources) (*BAUBÖCK, 2010*) verwendet.

Bei dem Modell BioSTAR handelt es sich um ein kohlenstoffbasiertes Pflanzenmodell (*Azam-Ali, S.N. et al., 1994*), mit dem anhand von Eingangsklimadaten (Niederschlagshöhe, Temperatur, Globalstrahlung, Luftfeuchte und Windgeschwindigkeit) sowie dem verfügbaren Bodenwasser (Feldkapazität) und Veränderung des Blattflächenindexes in der Vegetationszeit der Kulturen der Ertragszuwachs im Verlauf der Vegetationsperiode simuliert wird (s. Abbildung 4).

- Die Kohlenstoffaufnahme wird anhand von kulturspezifischen Lichtsättigungskurven sowie den gemittelten, täglichen Quantenflussdichten dargestellt.
- Die Bruttofotosyntheserate sowie die Dissimilation (Veratmung) werden über die Tagesmitteltemperatur erhöht oder erniedrigt und ergeben zusammen die Nettoprimärproduktion.

- Für die Simulation des Wasserhaushaltes im SPAC (soil plant atmosphere continuum) werden die täglichen Transpirations- und Evaporationsraten gesondert berechnet.
- Für den Anteil der Bodenevaporation wird die über den Strahlungsansatz berechnete Verdunstungsmenge nach Turc (*DVWK, 1996*) mit einem vom Bodenbedeckungsgrad (Blattflächenindex) abhängigen Faktor multipliziert (*MERTHA et al., 2006*).
- Die tägliche Transpirationsrate ist im Modell an die Brutto-Kohlenstoffassimilation gekoppelt und wird für die Simulation von Trockenstress über den Stomatawiderstand zusätzlich reguliert.
- Für die Darstellung der Pflanzenentwicklung wird im Modell ein temperaturabhängiger, täglicher Entwicklungsstand berechnet. Die Skala dieser Entwicklung ist dimensionslos und stellt die Pflanzenentwicklung im Gleitkommabereich von 0 (Bestellung), über 1 (Blüte) bis 2,1 (Vollreife) dar (*PENNING DE VRIES, F.T.W. et al.*, 1989).
- Der Blattflächenindex (BFI) wird im Verlauf der Pflanzenentwicklung anhand einer vom Entwicklungsstand abhängigen Kurve simuliert. Diese Kurve hat im Modell nur dann einen optimalen Verlauf, wenn kein Trockenstress auf den modellierten Bestand einwirkt. Trockenstress reduziert im Modell die Nettoassimilationsrate, die Transpiration sowie die Entwicklung des BFI.

Das Modell ist im Vergleich zu komplexeren Pflanzenmodellen (CERES, DSSAT, EPIC) einfach aufgebaut, es benötigt allerdings auch nur zehn pflanzenspezifische Eingangsparameter. Trotz des einfachen Modellaufbaus werden alle wesentlichen, den Entwicklungsverlauf und die Biomassebildung von Agrarpflanzen beeinflussenden Faktoren hinreichend genau erfasst, um klima- und bodenabhängige Ertragssimulationen durchzuführen. Je nach Kultur und Bodenart liegt der Fehler des Modells bei etwa +/- 15% der real gemessenen Biomasseerträge (*BAUBÖCK, 2013*).

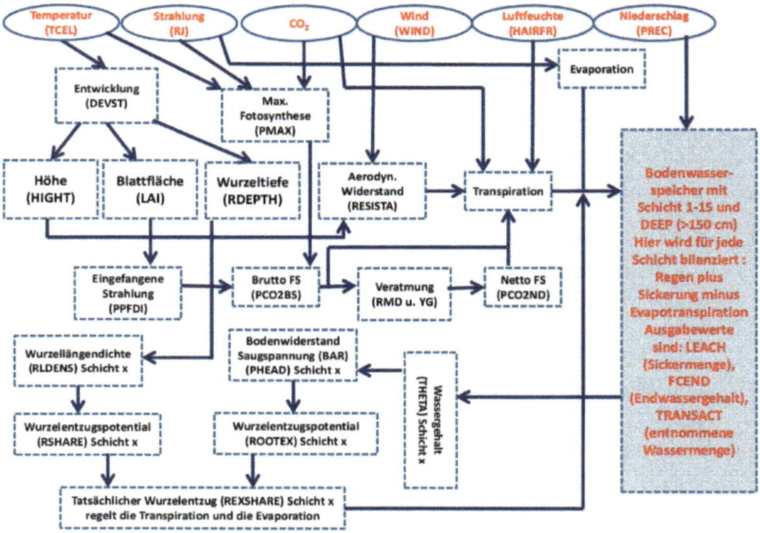

Abbildung 4: Flussdiagramm mit Eingangsparametern, die in das Biomasseertragsmodell BioSTAR einfließen

3 BESTANDSAUFNAHME

3.1 Vom Klimawandel betroffene Produktionsfaktoren des Pflanzenbaus

Die vier entscheidenden Größen des Klimawandels sind der erwartete Anstieg der Jahresdurchschnittstemperatur mit trockeneren und längeren Sommern, die Veränderung der Niederschlagsverteilung hin zu feuchteren, milderen Wintern bei nahezu gleichbleibendem Jahresniederschlag, ein Anstieg der Kohlendioxidkonzentration in der Atmosphäre und die zunehmende Wahrscheinlichkeit von Extremereignissen *(GROß 2007)*. Modellrechnungen des Teilprojektes „Klimawandel“ zur Frage, mit welchen Extremereignissen in der Metropolregion in der Zukunft zu rechnen ist, ergeben keinen Trend zu mehr Extremniederschlagsereignissen, wohl aber zu stärkeren Jahresvariabilitäten. Auch Hitzeperioden (Temperaturen > 30°C) werden laut dieser Prognosen zunehmen (*GROß et al., 2012*).

Prinzipiell gilt, dass sich Pflanzen im Wachstum auf langsame Änderungen besser einstellen und diese ausgleichen können als auf Extremsituationen. Das Gleiche lässt sich für die ackerbaulichen Anpassungsmöglichkeiten, sei es im produktionstechnischen oder auch im züchterischen Bereich, feststellen.

Die folgende Übersicht stellt die vom Klimawandel betroffenen Aspekte des Pflanzenbaus nach *HOFFMANN-BAHNSEN (2011)* in der Übersicht dar.

Tabelle 1: Vom Klimawandel betroffene Produktionsfaktoren des Pflanzenbaus

Treibende Faktoren im Klimawandel:	Betroffene Produktionsfaktoren des Pflanzenbaus:
Anstieg der Temperatur	Ertragsstabilität und -qualität
Veränderung der Niederschläge	Standorteignung
Anstieg der CO_2 Konzentration	Fruchtfolgegestaltung
Verstärkte Klimavariabilität	Wasserverbrauch- und Verfügbarkeit
	Humus- und Nährstoffhaushalt
	Schädlinge, Krankheiten, Unkräuter
	Biodiversität

Quelle: nach Hoffmann-Bahnsen, www.umwelt.sachsen.de/lfulg/download/140108_Hoffmann_Bahnsen.pdf 6/2011

Deutlich wird, dass das ganze Anbaugefüge vom Klimawandel betroffen ist. Unter geänderten Standortbedingungen reagieren Kulturen mit verändertem Wasser- und Nährstoffbedarf, sind einem sich ändernden Krankheitsdruck und Unkrautdruck ausgesetzt und reagieren mit geänderten Ertragsquantitäten und -qualitäten. *HOFFMANN- BAHNSEN (2011)* unterscheidet hier weiter zwischen definierenden Faktoren wie dem Klima, limitierenden Faktoren wie der Verfügbarkeit von Wasser und Nährstoffen sowie reduzierenden Faktoren, nämlich dem Unkraut- und Schädlingsdruck sowie evtl. veränderter Schadelementverfügbarkeit.

Tabelle 2: Ertragsbestimmende Faktoren von Kulturpflanzen

Definierende Faktoren:	CO_2
	Strahlung
	Temperatur
	Kultureigenschaften
Limitierende Faktoren:	Wasser
	Stickstoff
	Phosphor
Reduzierende Faktoren:	Schädlinge
	Krankheiten
	Unkräuter
	Schadstoffe (Ozon…)

Quelle: nach Hoffmann-Bahnsen, *www.umwelt.sachsen.de/lfulg/download/140108_Hoffmann_Bahnsen.pdf 6/2011*

Dem Klima als definierendem Faktor kommt damit die entscheidende Rolle für die Entwicklung von standortangepassten Anbaukonzepten heute und perspektivisch unter den sich ändernden Voraussetzungen im Klimawandel zu.

Die Folgen des Klimawandels auf die Standorteignung der Kulturarten, die Ertragsleistung und die Fruchtfolgegestaltung werden in den folgenden Kapiteln im Allgemeinen und mit Regionalbezug untersucht.

Die Auswirkungen des Klimawandels auf die Pflanzengesundheit wurden anhand aktueller Publikationen recherchiert. Tabelle 3 stellt eine Literaturübersicht der möglicher Folgen des Klimawandels auf die Pflanzengesundheit dar (u.a. *JUROZECK* et al. (2009), *SEIDEL* (2010), *CHMIELEWSKI* (2007b), *GEROWITT* u. *STRUCK* 2008, *KLINGENHAGEN* (2010), *MEINDLSCHMIDT* u. *SCHRÖDER* (2009), *METZ* et al. (2004)).

Tabelle 3: Folgen des Klimawandels für die Pflanzengesundheit

Hohe Temperaturen + unausgeglichene Wasserversorgung: ▪ Generell Beeinträchtigung d. Pflanzengesundheit ▪ Wirkung von Pflanzenschutzmitteln wird witterungsbedingt unsicherer ▪ Eingeschränkte Wirkung von Bodenherbiziden bei fehlender Feuchte ▪ Durch erhöhte UV Strahlung evtl. veränderte Wirkdauer von Pflanzenschutzmitteln
Starkregenereignisse / Überflutungen: ▪ Begünstigung von Wurzelfäulen
Hohe Temperatur und hohe Niederschläge/Feuchte: ▪ Zunahme von Rostkrankheiten, Netzfleckenkrankheit , Cercospora ▪ Zunahme von Mehltau, Halmbruch, Septoria ▪ Förderung von Schnecken, Milben, Bakterien, Insekten wie Kartoffelkäfer und Blattläuse
Trockenperioden: ▪ Förderung bestimmter Schaderreger wie Spinnmilben ▪ Zunahme wärmeliebender Unkräuter (z.B. Hirsen, Franzosenkraut, Gänsefuß) ▪ Zunahme trockenheitsresistenter Unkräuter (z.B. Distel mit unterirdischen Speicherorganen) ▪ Zunahme von Herbstkeimern aufgrund milder Winter (z. B. Acker-Fuchsschwanz, Klettenlabkraut) ▪ Mögliche Einwanderung schwer bekämpfbarer Arten (z. B. Ambrosia) ▪ Förderung von Krankheiten
Milde Winter: ▪ Förderung der Überwinterung von Schaderregern ▪ Einwanderung bisher nicht heimischer Erreger wie z.B. Maiswurzelbohrer

Auch im Klimawandel wird es unterschiedliche klimatische Ausprägungen mit jeweils verschiedenen Folgen für die Pflanzengesundheit geben. Problematisch für die Pflanzengesundheit und die Konkurrenzkraft der Kulturen erscheinen die in Folge höherer Wintertemperaturen besseren Überwinterungsmöglichkeiten von Schaderregern und im Herbst auflaufende Unkräuter und die Verbreitung neuer, wärmeliebender Unkräuter. Gehen warme Temperaturen mit Niederschlägen einher, so vermehren sich Blattkrankheiten wie Rost und Mehltau sowie Spinnen, Milben und Bakterien. Treffen hohe Temperaturen auf Trockenheit, kann dagegen eine bessere Pflanzengesundheit, aber höherer Schädlingsbefall erwartet werden. Die Veränderung des Klimas geht tendenziell mit einer zunehmenden Unsicherheit bei der Wirkung von Pflanzenschutzmitteln und Bodenherbiziden einher.

3.2 Keimtemperaturen, Wasserbedarf und kritische Entwicklungsstadien landwirtschaftlicher Kulturen

Im Rahmen der Bestandsaufnahme wurden die relevanten Kulturen anhand einer Literaturrecherche hinsichtlich ihrer pflanzenphysiologischen Eigenschaften und insbesondere des Wasserbedarfs charakterisiert. Die folgende Tabelle stellt eine Übersicht des Wasserbedarfs und der klimatisch sensiblen Phasen der wichtigsten Kulturen nach *FAO and Water Division* (1996) sowie *EHLERS (1996)* und *GEISSLER (1988)* zusammen. Am niedrigen Transpirationskoeffizienten wird der Vorteil der C4-Kulturen Mais und Sorghum hinsichtlich des niedrigen Wasserbedarfs je produzierter Einheit Trockenmasse deutlich. Auch die Zuckerrübe hat eine hohe Wassereffizienz. Unter den Getreidearten hat der Roggen den geringsten Transpirationskoeffizienten. Einen höheren Wasserbedarf haben die Kulturen Raps, Kartoffeln, Sonnenblumen und Gräser. Auch Soja hat einen hohen spezifischen Wasserbedarf, ist aber gut an warme Klimata angepasst. Der Wasserbedarf je Flächeneinheit wird von der Ertragsleistung der Kulturen mitbestimmt. So kann eine Kultur wie der Mais trotz eines geringen Transpirationskoeffizienten aufgrund seiner hohen Ertragsleistung einen hohen Wasserbedarf je Hektar haben und damit auch ggf. Zusatzwasserbedarf zur Entfaltung seiner Ertragsleistung. Die Angaben zum Beregnungsbedarf sind als grobe Orientierungswerte zu verstehen und können in Einzeljahren abweichen. Hinsichtlich der kritischen Entwicklungsstadien sind beim Getreide das Schossen und die Kornfüllungsphase besonders sensibel. Der Mais ist während des Schossens und in der Blühphase sensibel, beim Sorghum kommt aufgrund des kleinen Saatkorns noch die Phase des Feldaufgangs und der Bestandesetablierung hinzu. Raps, Rüben, Kartoffeln, Erbsen, Soja und Sonnenblumen weisen jeweils zur Blüte eine erhöhte Sensibilität für Klimaextreme auf.

Tabelle 4: Wasserbedarf, Transpirationskoeffizienten und kritische Entwicklungsstadien nach BBCH-Code

Wasserbedarf landwirtschaftlicher Kulturen in der Übersicht					
Art	**Wasser-bedarf**	**Transpira-tionskoeffi-zient**	**Kritische Entwicklungsstadien**		**Beregnungs-bedarf**
	[mm]	[mm/kgTM]	Beschreibung	BBCH -Code	
Getreide (WW>WG>HA>RO)	350-650	400	(Bestockung) Schossen (Kornfüllung)	(25-29) 30-39 (75)	keine Beregnung
Raps	350-650	650	Blüte-frühe Reife	60-75	keine Beregnung
Mais (C4)	500-800	350	Ende Schossen-Blüte (Kornfüllung)	53-63 (79-89)	Juli-August
Hirse (Sorghum bicolor, S.sudanense)	450-700	200-300	Feldaufgang, Ende Schossen- Blüte (Kornfüllung)	53-63 (79-89)	Juni-August
Zuckerrübe	550-750	350	Reihenschluss-Blüte	32-49	Mitte Juni-Mitte Sept.
Kartoffel	550-750	500	Blüten (Knollen)bildungsphase	19-65	Juni-Mitte August
Sonnenblume	600-800	600	Blüte-frühe Reife	60-75	Juli-August
Körnererbse	350-500	650	Blüte	60-69	
Sojabohne	450-700	750	Mitte Hülsen-Samenbildung	70-79	keine Beregnung
Grünland	550-650	800			keine Beregnung

Quellen: Ehlers 1996, Geisler 1988; eigene Ergänzungen

Die Kulturen unterscheiden sich weiterhin in ihrer Keimtemperatur. Ändern sich künftig die Vegetationszeiten eines Standortes, so können auch wärmeliebendere Kulturen in unseren Breiten zum Anbau gelangen oder bessere Ertragsleistungen erbringen. Auch die Möglichkeiten zur Zweikulturnutzung sind entscheidend abhängig vom Zeitpunkt des Eintritts entsprechender Keimtemperaturen sowie der Länge der Vegetationszeiten eines Standortes. Die Keimtemperaturen gehen in die Ertragsmodellierung ein. Die folgende Tabelle stellt daher eine Übersicht der Keimtemperaturen der wichtigsten Kulturen dar.

Tabelle 5: Mindestkeimtemperaturen der untersuchten Kulturen

Keimtemperatur [°C]		**Kulturen**
Mittel	Spanne	
5°C	4 - 6°C	Wintergetreide, Zuckerrüben, Kurzumtriebsgehölze
	2 - 3°C	Raps
8°C	6 - 8°C	Sommergetreide, Kartoffeln
	7 - 9°C	Sonnenblumen
10°C	8 - 10°C	Mais
12°C	12 - 15°C	Sorghum

Während die in unserer Region gängigen Getreidearten Keimtemperaturen zwischen 4 – 6°C aufweisen, keimen Sonnenblumen zwischen 7 – 9°C. Mais keimt ab 10°C und Sorghum benötigt 12°C. Sorghum wird dementsprechend erst ab Anfang Juni gedrillt und eignet sich daher auch zum Anbau nach Zwischenfrüchten mit Ernteschnitt im zeitigen Frühjahr wie Grünroggen oder frühräumende Getreide-Ganzpflanzen. Auch Mais und Sonnenblumen können als späte Hauptfrüchte oder als Zweitkulturen angebaut werden (*STÜLPNAGEL* et al. 2009, *KARPENSTEIN-MACHAN*, 2005).

3.3 Ertragsentwicklung und Klimawandel seit 1961 bis heute

Aus der retrospektiven Betrachtung der Klimaereignisse in der Metropolregion lassen sich Klimaveränderungen in der Metropolregion und mögliche Zusammenhänge zur Beeinflussung der Phänophasen und der Ertragsbildung ableiten. Um diese möglichen Zusammenhänge aufzudecken, wurden phänologische Daten und Erträge verschiedener landwirtschaftlicher Kulturen in zwei Betrachtungszeiträumen (1961 – 1990 und 1991 – 2007) ausgewertet. Detaillierte Ergebnisse und Analysen sind unter Karpenstein-Machan und von Buttlar (2012) nachzulesen. An dieser Stelle erfolgt eine verkürzte Darstellung der im künftigen Klimawandel wichtigsten Aussagen.

Veränderung der Niederschläge und Temperaturen: Um mögliche klimatische Änderungen in Niedersachsen und den drei Landkreisen (LK) Göttingen, Hildesheim und Celle beschreiben zu können, werden die Klimazeiträume 1961 bis 1990 sowie 1991 bis 2007 miteinander verglichen. Die nachfolgende Tabelle gibt die mittleren Jahresniederschläge und die mittleren Jahresdurchschnittstemperaturen, aufgeteilt auf Winter- und Sommerhalbjahr, sowie die Änderungen beim Vergleich der Auswertungszeiträume wieder. Für Niedersachsen wird eine leichte Zunahme des Jahresniederschlages um 44 mm bzw. 5,8 % festgestellt, der zum größten Teil auf die Zunahme im Winterhalbjahr zurückzuführen ist. Dass die Sommerniederschläge im Landesdurchschnitt ebenfalls leicht anstiegen, ist den niederschlagsreichen nördlichen Landkreisen zuzuschreiben.

Die niedersachsenweiten Durchschnittstemperaturen stiegen um 10 %, bzw. 0,9° C beim Vergleich der beiden Zeitspannen. Auch bei den Temperaturen zeigt sich, dass im Winterhalbjahr die größten relativen Veränderungen (in %) zu verzeichnen waren. In allen drei Landkreisen wurden steigende Sommer- und Wintertemperaturen gemessen. Die Winter sind somit im Untersuchungszeitraum milder und feuchter geworden. Die Sommer sind wärmer geworden und zeigen leicht rückläufige Niederschläge.

Tabelle 6: Mittlere Niederschläge und mittlere Jahresdurchschnittstemperaturen, im Winter- und Sommerhalbjahr in den Zeiträumen 1961 - 1990 und 1991 - 2007 in Niedersachsen, den Landkreisen Göttingen, Hildesheim und Celle und Veränderung der Niederschläge [mm; %] und Temperaturen [°C, %]

Region	**Niederschläge**				**Temperaturen**			
	1961-1990	1991-2007	Änderung		1961-1990	1991-2007	Änderung	
	[mm]	[mm]	[mm]	[°C]	[°C]	[°C]	[°C]	[%]
Niedersachsen	**758**	**802**	**44**	**5,8**	**8,5**	**9,4**	**0,9**	**10,6**
Sommerhalbjahr	*396*	*409*	*14*	*3,5*	*13,4*	*14,5*	*1,2*	*8,6*
Winterhalbjahr	*363*	*393*	*30*	*8,3*	*3,7*	*4,3*	*0,7*	*17,8*
LK Göttingen	**645**	**643**	**-2**	**-0,3**	**8,7**	**9,6**	**0,9**	**10,1**
Sommerhalbjahr	*362*	*349*	*-13*	*-4*	*13,9*	*15,0*	*1,1*	*7,8*
Winterhalbjahr	*283*	*294*	*11*	*4*	*3,5*	*4,2*	*0,7*	*19,1*
LK Hildesheim	**710**	**743**	**33**	**4,7**	**8,8**	**9,8**	**0,9**	**10,7**
Sommerhalbjahr	*396*	*382*	*-13*	*-3*	*13,9*	*14,9*	*1,0*	*7,5*
Winterhalbjahr	*314*	*361*	*47*	*15*	*3,8*	*4,7*	*0,8*	*22,1*
LK Celle	**811**	**815**	**4**	**0,5**	**8,4**	**9,5**	**1,1**	**13,3**
Sommerhalbjahr	*414*	*403*	*-11*	*-3*	*13,6*	*15,0*	*1,5*	*10,7*
Winterhalbjahr	*397*	*413*	*16*	*4*	*3,3*	*4,0*	*0,8*	*23,8*

Für das Pflanzenwachstum entscheidend sind die Klimabedingungen in der Vegetationszeit, wobei hier zwischen Getreide und Raps mit dem Hauptwasserbedarf im April bis Juni sowie Rüben und Silomais mit dem Hauptwasserbedarf im April bis Oktober unterschieden wird. Für die Leitgebiete der Metropolregion, die Landkreise Göttingen, Hildesheim und Celle, wird im Folgenden dargestellt, wie sich Niederschlags- und die Temperatursummen in der Hauptvegetationszeit des Getreides bzw. Rapses (April bis Juni) und der Zuckerrüben bzw. des Silomaises entwickelten (Tabelle 7 und Tabelle 8).

Tabelle 7: Änderung der Niederschläge in der Hauptvegetationszeit zwischen 1961-1990 und 1991-2007 für Niedersachsen und die drei Leitgebiete Göttingen, Hildesheim und Celle

Region	**Niederschläge in der Hauptvegetationszeit**			
	1961-1990	1991-2007	Änderung	
	[mm]	[mm]	[mm]	[%]
Getreide/Raps: April bis Juni				
Niedersachsen	189	177	-12	-6,6
LK Göttingen	189	167	-23	-12
LK Hildesheim	206	178	-28	-13,4
LK Celle	197	179	-18	-9,3
Zuckerrüben/Silomais: April bis Oktober				
Niedersachsen	454	478	24	5,3
LK Göttingen	402	398	-3	-0,8
LK Hildesheim	440	442	2	0,4
LK Celle	473	463	-10	-2

Tabelle 8: Änderung der Jahresmitteltemperaturen in der Hauptvegetationszeit zwischen 1961-1990 und 1991-2007 für Niedersachsen und die drei Leitgebiete Göttingen, Hildesheim und Celle

Region	**Temperatur in der Hauptvegetationszeit**			
	1961-1990	1991-2007	Änderung	
	[°C]	[°C]	[°C]	[%]
Getreide/Raps: April bis Juni				
Niedersachsen	11,4	12,5	1,1	9,7
LK Göttingen	12,1	13,1	1	8,2
LK Hildesheim	12	13	1	8,2
LK Celle	11,7	13,1	1,5	12,4
Hackfrüchte: April bis Oktober				
Niedersachsen	13,3	14,3	1,0	7,5
LK Göttingen	13,3	14,2	1,0	7,2
LK Hildesheim	13,3	14,2	0,9	7,0
LK Celle	13,7	14,6	0,9	6,9

Bemerkenswert sind die deutliche Abnahme der Niederschläge im Juni und die Verlagerung des Höhepunktes der Niederschläge in den Juli. Damit fallen heute mehr

Niederschläge in die Erntezeit des Getreides als vor rund 40 Jahren. Auch für den Monat Oktober wurden im Auswertungszeitraum 1991 bis 2007 höhere Niederschläge als in den früheren Jahren gemessen, was sich ebenfalls negativ auf die Ernte der Sommerungen Zuckerrüben und Silomais auswirken kann.

Der Rückgang in den Niederschlägen fällt bei Getreide und Raps in die Phasen des größten Massenwachstums. Auch in der Hauptvegetationszeit von Zuckerrüben und Mais zeigte sich ein deutlich geringerer Rückgang der Niederschläge. Dies wird auf Landesebene sowie in den untersuchten Landkreisen deutlich.

Die Durchschnittstemperatur in der Hauptvegetationszeit ist bei Getreide und Raps im Landesmittel um 1,0°C und bei Zuckerrüben und Mais um 1,1°C angestiegen. In den Landkreisen Göttingen und Hildesheim waren die Temperaturveränderungen geringer als im Landkreis Celle.

Niederschlags- und Temperatur-Extreme: Als weitere Indikatoren für Klimaänderungen wurde das Auftreten von Niederschlags- und Temperatur-Extremen im Hinblick auf die Folgen für das Pflanzenwachstum untersucht. Die Anzahl trockener Tage mit unter 1 mm Niederschlag hat sich im Zeitraum 1991 bis 2007 im Vergleich zu 1961 bis 1990 zwischen 2 und 9 Tagen erhöht. Auch die Anzahl Tage mit extremen Niederschlagsereignissen war in den Landkreisen Hildesheim und Celle um 3 Tage höher. Der Landkreis Göttingen zeigte keine wesentlichen Veränderungen.

Vegetationstage: Des Weiteren wurden die für das Pflanzenwachstum relevanten Vegetationstage (Tage mit Durchschnittstemperaturen > 5 ° C, bzw. > 10 °C) analysiert. Die Auswertung zeigt für die drei Landkreise ein recht einheitliches Bild. Die Tage mit Temperaturen größer 5 °C (Wachstumsbeginn der C_3-Pflanzen) haben jeweils um 9 bis 11 Tage zugenommen und die Tage mit Temperaturen über 10 °C (Wachstumsbeginn der C_4 Pflanzen) haben um die gleiche Anzahl Tage zugenommen.

Phänologische Entwicklungsphasen: Die phänologischen Entwicklungsphasen der landwirtschaftlichen Nutzpflanzen waren im zweiten Betrachtungszeitraum kulturartspezifisch unterschiedlich im Frühjahr bis zum Ährenschieben/Blüte 5 bis 11 Tage kalendarisch vorverlegt. Bei Wintergetreidearten war die effektiv genutzte Vegetationszeit verkürzt und bei Winterraps, Zuckerrüben und Silomais verlängert *(KARPENSTEIN- MACHAN und VON BUTTLAR, 2012)*.

3.4 Ertragsentwicklungen und Extremjahre seit 1949 bis heute

Langjährige Ertragsentwicklung: Da sich in Bezug auf die Ertragsentwicklung bei allen Kulturen in allen drei Leitgebieten der gleiche Trend abzeichnete, wird bei der Ergebnisdarstellung auf eine umfassende regionale Darstellung verzichtet und nur die niedersachsenweiten Ergebnisse im Zeitraum 1949 (Beginn der Aufzeichnungen) bis 2008 vorgestellt (Abbildung 5). Deutlich wird für alle Kulturen eine kontinuierliche Steigerung der Erträge in den letzten Jahrzehnten. Im jüngsten Auswertungszeitraum 1991 bis 2008 fällt dieser Zuwachs jedoch deutlich geringer aus; hier zeigen lediglich Winterraps, Zuckerrüben und Silomais noch signifikante jährliche Ertragszuwächse. Für Wintergetreide und Sommerhafer konnten keine signifikanten Ertragszuwächse mehr ermittelt werden (*KARPENSTEIN-MACHAN und VON BUTTLAR, 2012*). Neben diesem langfristigen, durch Ertragssteigerungen geprägten Trend werden in den letzten Jahrzehnten große „Ertragssprünge" als Abweichung der Erträge von der Trendkurve deutlich. Besonders große Ertragseinbrüche und Abweichungen von der Trendkurve sind z.B. für Getreide und Winterraps ab dem Jahre 2002 zu verzeichnen (2002 bis 20% im Landkreis Celle, ohne Abb.).

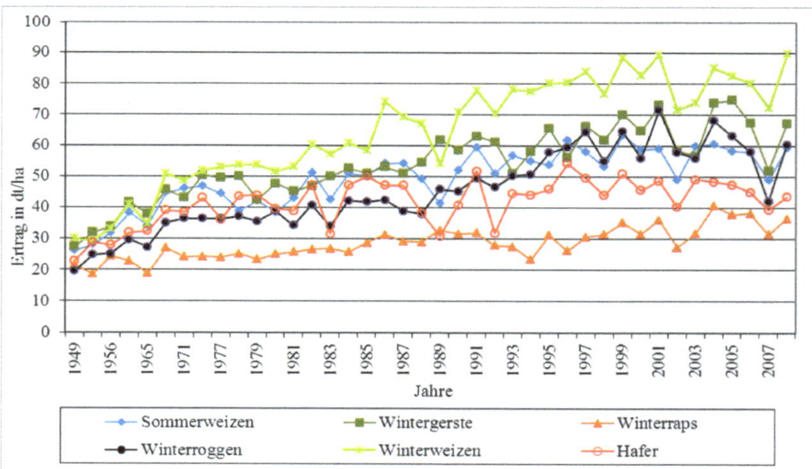

Abbildung 5: Ertragsentwicklung im Zeitraum 1949 bis 2008 für verschiedene Getreidearten und Raps (Mittelwerte für Niedersachsen) (Datenquelle: Niedersächsisches Landesamt für Statistik 2008)

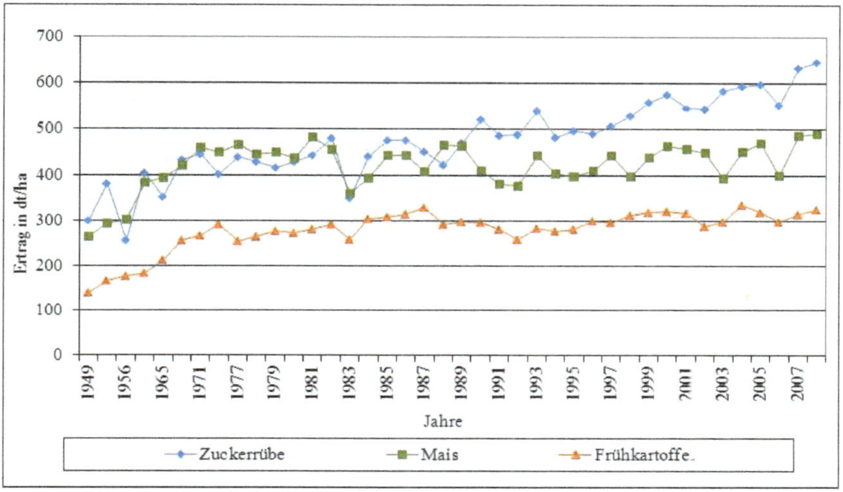

Abbildung 6: Ertragsentwicklung im Zeitraum 1949 bis 2008 für Zuckerrübe, Mais und Kartoffeln, Mittelwerte für Niedersachsen (Daten: Niedersächsisches Landesamt für Statistik 2008)

3.5 Aktuelle Ackerkulturen und Fruchtfolgen in der Metropolregion

Anhand der Betrachtung der regional angebauten Fruchtarten und deren Anteil an der gesamten Ackerfläche können die aktuellen Bewirtschaftungsschwerpunkte für die Landkreise der Metropolregion beschrieben werden. Diese geben Auskunft darüber, welche Kulturen gegenwärtig unter den gegebenen Standort- und Klimabedingungen bevorzugt angebaut werden. Welche Kultarten in welchem Umfang angebaut werden, ist zudem abhängig von den Marktpreisen. Betrachtet wurden die Fruchtartenverhältnisse in 1999 und 2007 sowie die Veränderungen in diesem Zeitraum (Daten: LSN, Kulturen >5% Anteil an der Ackernutzung). Mögliche Ursachen für Veränderungen sind marktpolitische Einflüsse (z.B. Preise, Agrarförderung) aber auch klimatische Einflüsse. Die Kulturartenverhältnisse der Metropolregion sind auf Landkreisebene in den folgenden Abbildungen dargestellt.

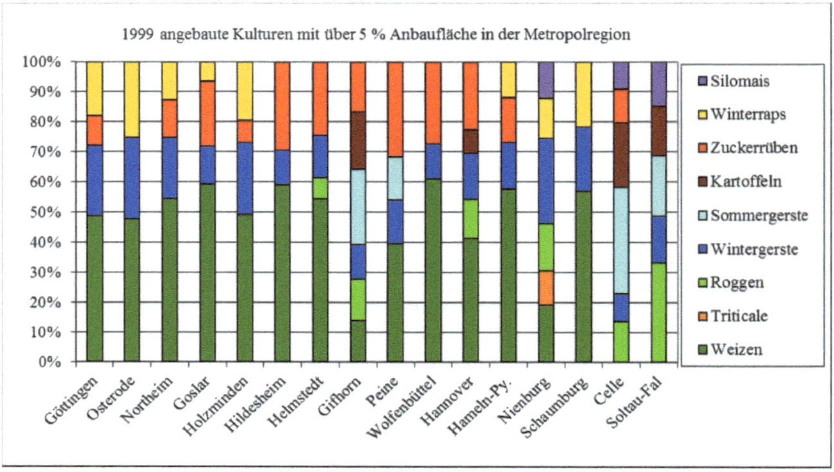

Abbildung 7: Kulturarten in % der Ackerfläche in niedersächsischen Landkreisen der Metropolregion im Jahr 1999 (Daten: Niedersächsisches Landesamt für Statistik 2008)

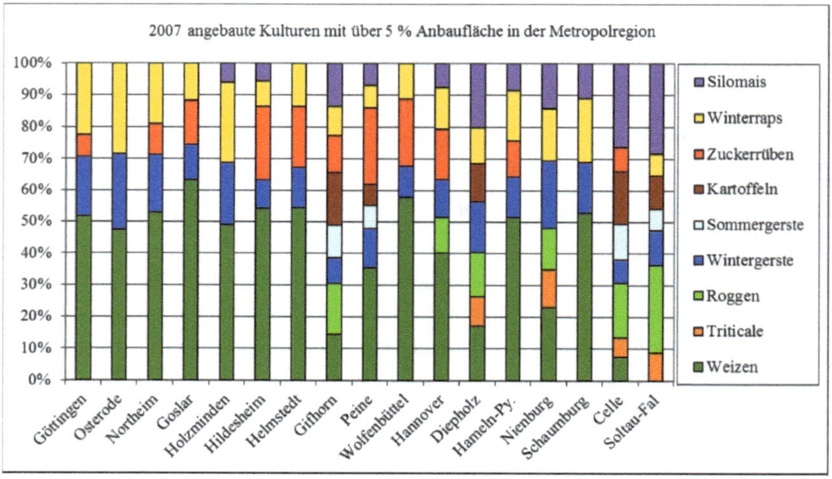

Abbildung 8: Kulturarten in % der Ackerfläche in niedersächsischen Landkreisen der Metropolregion im Jahr 2007 (Daten: Niedersächsisches Landesamt für Statistik 2008)

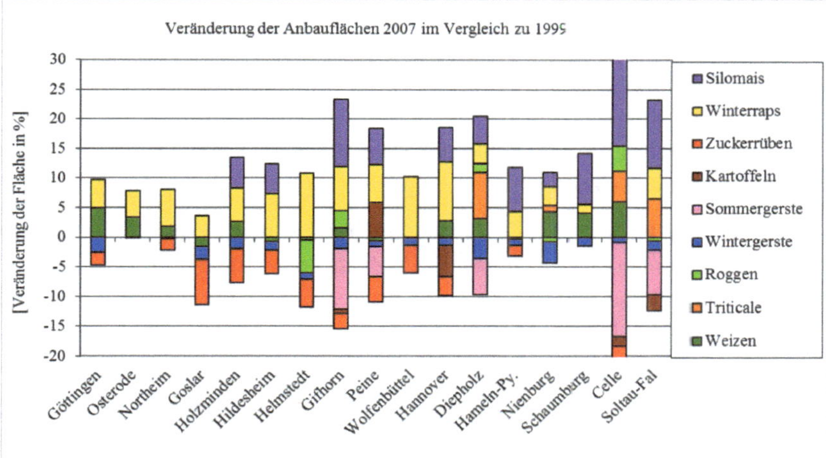

Abbildung 9: Relative Veränderung der angebauten Kulturarten in 2007 im Vergleich zu 1999 in niedersächsischen Landkreisen der Metropolregion (Daten: Niedersächsisches Landesamt für Statistik 2008)

Anbaujahr 2007: In den südlichen Landkreisen (LK) der Metropolregion dominiert der Winterweizenanbau. Bei höherer Bodengüte wie z. B. in den Landkreisen Hildesheim, Wolfenbüttel, Helmstedt, hat weiterhin die Zuckerrübe große Flächenanteile, gefolgt von Wintergerste und Winterraps. Bei mittlerer Bodengüte kommt dem Winterraps eine wichtige Bedeutung zu. In den nördlichen Landkreisen mit leichten Böden ist die Kulturartenvielfalt höher. Deutlich wird dies in den LK Celle und Gifhorn, in denen jeweils 9 verschiedene Kulturarten mit Flächenanteilen > 5% angebaut werden. Hier nimmt der Kartoffelanbau eine wichtige Stellung ein. Zudem werden Silomais, Winterroggen und Sommergerste sowie Triticale angebaut.

Veränderungen zum Anbaujahr 1999: Gegenüber dem Anbaujahr 1999 sind einige deutliche Veränderungen im Anbauverhalten zu erkennen. So hat der Maisanbau in den Landkreisen Hildesheim, Gifhorn, Peine, Wolfenbüttel und Hannover 1999 keine Bedeutung gehabt. 2007 nimmt er dagegen schon 5 – 15% der Anbaufläche ein. Auch in den Landkreisen Celle und Soltau-Fallingbostel, die 1999 einen Silomaisanteil von 10 – 15% hatten, hat der Silomaisanbau stark zugenommen. Weiter ist in mehreren Landkreisen der Rapsanbau verstärkt worden. Bemerkenswert ist auch die deutliche

Zunahme von Triticale in den Landkreisen Diepholz, Celle und Soltau-Fallingbostel. Rückläufig ist dagegen der Anbau von Zuckerrüben in allen Rübenanbaugebieten. Weiter gehören Sommer- und Wintergerste zu den rückläufigen Kulturen. Der Rückgang dieser Anbauflächen ist vorrangig mit der abnehmenden wirtschaftlichen Konkurrenzkraft dieser Kulturen zu erklären. Insgesamt am größten waren die Nutzungsänderungen in den Landkreisen Soltau, Gifhorn und Celle.

Zusammenfassend lassen sich für den untersuchten Zeitraum deutliche Änderungen der angebauten Kulturartenverhältnisse in den Landkreisen der Metropolregion feststellen. Silomais, Raps und Triticale haben an Bedeutung gewonnen. Silomais wird nun auch in den „typischen“ Marktfruchtregionen angebaut. Diese Entwicklung ist mit dem Ausbau der Biogaserzeugung sowie die Schaffung neuer Absatzmärkte in der Ethanolerzeugung zu erklären. Das erforderliche Flächenpotenzial wurde unter anderem durch die Reduzierung des Gerstenanbaus geschaffen. In Marktfruchtregionen zudem durch die aufgrund der geänderten Zuckermarktordnung sinkenden Zuckerrübenanbauflächen.

3.6 Standorteigenschaften, aktuelle Erträge und Energiefruchtfolgen in den Leitgebieten

Die folgende Tabelle gibt eine Übersicht über die nutzbaren Feldkapazitäten und Bodenpunkte in den drei Leitgebieten. Das Leitgebiet Göttingen weist die besten bodenkundlichen Voraussetzungen für hohe Erträge auf. Alfeld im Leitgebiet Hildesheim hat eine mittlere Standortgüte und Uetze im Leitgebiet Celle charakterisiert die leichten Standorte mit geringer nutzbarer Feldkapazität und geringer Standortgüte.

Tabelle 9: Nutzbare Feldkapazitäten und Bodenpunkte in den drei Leitgebieten

Leitgebiet	**Celle** (Uetze)	**Göttingen** (Krebeck-Wollbr.)	**Hildesheim** (Alfeld)
NfK_{We} [mm]			
Minimum	48	51	11
Maximum	298	271	266
Mittel	113	183	132
Bodenpunkte			
Minimum	16	23	16
Maximum	68	83	88
Mittel	35	62	54

Die folgende Tabelle stellt die mittleren Biomasseerträge in den Leitgebieten sowie Angaben zu niedrigen und hohen Erträgen als Grundlage zur Beschreibung des Ist-Zustandes für die Szenarienberechnungen zusammen. Es wurden jeweils die mittleren Erträge als Basis verwendet. Die Erträge sind für alle drei Gebiete ohne Bewässerungsmaßnahmen angegeben. Dies entspricht in Göttingen und Hildesheim der Praxis, während im Landkreis Celle praxisüblich Zusatzbewässerung eingesetzt wird. Die Datengrundlage des statistischen Landesamtes wurde für das Leitgebiet Celle um Feldversuchsergebnisse der Landwirtschaftskammer Hannover ergänzt. Da Raps in der Regel als Körnerfrucht geerntet wird, wurde hier der Kornertrag ausgewiesen, während bei allen anderen als Körnerfrüchte geernteten Kulturarten der Biomasseertrag aus dem Korn-Strohverhältnis errechnet wurde (*VON BUTTLAR, 1996*).

Tabelle 10: Biomasseertragsleistungen (bei den Körnerfrüchten auf der Basis der Kornerträge kalkuliert) in den Leitgebieten (Mittelwerte der Jahre 1999 – 2008)

Kultur	**LK Hildesheim (Alfeld)**			**LK Göttingen (Krebeck-Wollbrandsh.)**			**LK Celle (Wietze-Fuhse)**		
TM [t/ha]	**niedrig**	**mittel**	**hoch**	**niedrig**	**mittel**	**hoch**	**ohne Bew.**	**mittel (mB)**	**hoch (hB)**
Mais	13	15	17	12	14	16	11	15	20
Zuckerrübe	12	14	16	12	14	16	11	14	16
Sonnenblume GPS	10	13	15	10	13	15	8	10	12
Sorghum b.	8	10	12	8	10	12	8	13	16
SWeizen	8	10	13	7	9	11	5	7	9
WWeizen	11	13	15	10	12	14	7	10	12
WTriticale	11	12	13	10	11	13	8	12	13
WRoggen	8	10	14	11	12	13	8	12	14
WGerste	10	11	13	10	10	11	8	12	13
WRaps [dt/ha Korn]	30	33	37	31	32	33	27	37	40
WRaps GPS	8	10	10	9	9	9	7	10	11
Kartoffeln							10	13	16
Braugerste							3	4	5

GPS: Ganzpflanzensilage; Quellen: LSN Daten 1999-2008; Beregnungsversuche der LWK Hannover für LK Celle, verschiedene Jahre; z.T. eigene Umrechnungen in Biomasseertrag anhand Korn: Strohverhältnis

Für die südliche (Leitgebiete Hildesheim und Göttingen) und die nördliche (Leitgebiet Celle) Metropolregion wurden zu Beginn des Vorhabens mit der Offizialberatung (Landwirtschaftskammer Hannover) regionaltypische Marktfrucht- und Energiefruchtfolgen abgestimmt (Tabelle 11 und Tabelle 12). Diese stellen die Grundlage für die erarbeiteten Fruchtfolgeanpassungen in Kap.5 dar. Die folgenden Tabellen stellen die Basisfruchtfolgen dar:

Tabelle 11: Typische Marktfruchtfrucht- und Biomassefruchtfolgen nördliche Metropolregion

Jahr:	Typisch 1: Markt- und Futterfruchtanbau mit Rüben und Kartoffeln	Jahr:	Typisch 2: Markt- und Futterfruchtanbau mit Mais und Kartoffel	Jahr:	Biogas 1: Mais in Selbstfolge	Jahr:	Markt- und Biogasanbau 2: Mit Mais, Roggen und Kartoffel
1	Winterroggen	1	Mais	1	Mais	1	Grünroggen Mais
2	Kartoffel	2	Mais	2	Mais	2	Grünroggen Mais
3	Sommergerste	3	Winterroggen	3	Mais	3	Kartoffel
4	Zuckerrübe	4	Kartoffel			4	

Tabelle 12: Typische Marktfruchtfrucht- und Biomassefruchtfolgen südliche Metropolregion

Jahr:	Typisch 1: Marktfrucht-anbau mit Raps und Getreide	Jahr:	Typisch 2: Marktfrucht-anbau mit Zuckerrüben und Getreide	Jahr:	Biogas 1: Mais in Selbstfolge	Jahr:	Biogas 1: mit Mais, Getreide und Gras
1	Winterweizen Mf.	1	Winterweizen Mf.	1	Mais	1	WRoggenGPS Ackergras
2	Wintergerste Ff.	2	Winterweizen Mf.	2	Mais	2	Ackergras Mais
3	Winterraps Mf.	3	Zuckerrübe Mf.	3	Mais	3	Mais

Mf= Marktfrucht; Ff= Futterfrucht

Die derzeit typischen Biogasfruchtfolgen basieren vor allem auf dem Anbau von Silomais- und Roggenganzpflanzen. Sie bestätigen die Auswertungen zu den sich wandelnden Fruchtartenverhältnissen in den Landkreisen (s. Kap.3.5).

3.7 Kulturensteckbriefe

Zu Beginn des Vorhabens wurden die in der Metropolregion relevanten Energiepflanzen erfasst und hinsichtlich ihrer ackerbaulichen Parameter wie Saat- und Erntezeitpunkten, Düngebedarf, Erosionsgefährdung, Fruchtfolgerestriktionen und Verwertungsmöglichkeiten charakterisiert. Die wichtigsten Angaben wurden in Form von

Kulturensteckbriefen aufbereitet, mit Fotos illustriert und für die I.u.K-Plattform bereitgestellt. Die folgende Abbildung stellt exemplarisch einen Steckbrief für die durchwachsene Silphie (Silphium perfoliatum L.) dar. Weitere Informationen können der Homepage (www//:klimafolgenmanagement.de) entnommen werden.

Tabelle 13: Kulturartensteckbriefe am Beispiel der durchwachsenen Silphie

Kultur:	**Durchwachsene Silphie** *(Silphium perfoliatum L.)* (Dauerkultur)
Anbaubedingungen:	Gedeiht im nördlichen Europa hervorragend. Die Pflanze kann nach jeder Vorfrucht angebaut werden, aber unkrautunterdrückende Vorfrüchte sind aufgrund ihrer langsamen Jugendentwicklung von Vorteil.
Bodenansprüche:	Recht genügsam, geeignet für humose Böden mit guter Wasserführung aber auch für trockene Standorte. Nur Staunässe ist ungeeignet.
Klimaansprüche:	Keimtemperatur: ab 10°C, Pflanzung Anfang Juni.
	Wärmebedarf: mäßig
	Wasserbedarf: Gering. Kann in den Blattachseln Niederschlagswasser auffangen und speichern (wird daher auch Becherpflanze genannt).
Energetische Nutzung:	Gehört zu den neuen Energiepflanzen. Großes Potenzial wird aufgrund der Massewüchsigkeit erwartet. Genutzt wird die ganze oberirdische Pflanzenmasse als Silage in Biogasanlagen. Anbaufläche in Deutschland ca. 300 ha (Stand 2012). Es besteht noch Forschungs- und Züchtungsbedarf.
	Energieprodukt: Geeignet zur Biogaserzeugung.
Ertragsleistung als Energiepflanze:	Erwartet werden bis zu ~20 t TM/ha Ganzpflanzensilage.
Weitere Nutzung:	Heilpflanze, Gewürz, derzeit noch keine Anbaurelevanz in Deutschland.
Anpassung an den Klimawandel:	Mittlere Trockenheitstoleranz, hohe Kältetoleranz, mittlere Hitzetoleranz. Somit wird gutes Anpassungspotenzial erwartet.

Jede Kultur hat unterschiedlich ausgeprägte Anpassungsmöglichkeiten an den Klimawandel. So sind z.B. die Effizienz der Wassernutzung (Transpirationskoeffizient) und der Wasserbedarf entscheidend für die Ertragsbildung bei zunehmender Sommertrockenheit. Aber auch der Zeitraum des höchsten Wasserbedarfs und die Ausprägung des Wurzelwerks (Flach- oder Tiefwurzler) sowie weitere Eigenschaften (z.B. Absenkung des Turgors, Blattrollen) beeinflussen die Anpassungsfähigkeit von Kulturen an Klimaveränderungen. Die folgende Tabelle 14 stellt wichtige Kulturenmerkmale und ihre Einordnung hinsichtlich der potenziellen Klimastabilität dar. So sind die C_4-Pflanzen zwar aufgrund ihrer Wassereffizienz gut an steigende Temperaturen angepasst, zeigen aber im klassischen Anbauverfahren der 75 cm Reihe eine starke Erosionsneigung, die bei Starkregen eine Verschärfung von Erosionsproblemen erwarten lässt. Gräser sind zwar durch ihren hohen Wasserbedarf tendenziell trockenheitsgefährdet, durch das dichte Wurzelwerk und die Fähigkeit zum Wiederaustrieb können die Pflanzen jedoch nach überstandenen Trockenphasen wieder neu austreiben. Deutlich wird die Komplexität der Anpassungsmöglichkeiten, die zur Ertragssicherung beitragen.

Tabelle 14: Übersicht und Bewertung von Kulturarteneigenschaften vor dem Hintergrund klimatischer Änderungen

Klima-änderung	**Parameter**	**Winter-Getreide**	**Sommer-Getreide**	**Mais**	**Sorghum**	**Sonnen-blumen**	**Zucker-rübe**	**Gras**	**Kurzum-trieb**
Zunehmende Sommer-trockenheit:	Nutzt winterlichen Bodenwasser-vorrat	Winterung	frühe Sommerung	Sommerung	Sommerung	Sommerung	frühe Sommerung	Dauerkultur	Dauerkultur
	Transp.koeff.	300	300	350	250	550	350	800	
	Wassereffizienz	C3	C3	C4	C4	C3	C3	C3	
	Spezielle Anpassungs-mechanismen				*überdauert Hitzephase*	*toleriert Kälte-einbrüche*		*mehrere Schnitte*	*geringe Ansprüche*
	Durchwurzel-ungstiefe	mittel	mittel	flach	mittel	mittel	tief	dicht u. tief	sehr tief ab 2tem Jahr
Zunehmender Starkregen/ Erosion:	Bodendeckung	mittel	erst ab Frühjahr	75cm Reihen-abstand	75cm Reihen-abstand	75cm Reihen-abstand	weiter Reihen-abstand	sehr dichte, ausdauernde Narbe	ab 2tem Standjahr
Feuchtwarme Bedingungen:	Krankeits-anfälligkeit	RO gering, WW, WG hoch	mittel bis hoch	mittel bei Ff	Mittel bei Ff	Blattkrank-heiten	Mittel bei Ff	gering	sehr gering
Zunehmender	Ertragsänderung	20% Mehrertrag	20% Mehrertrag	0-10% Mehrertrag	0-10% Mehrertrag		20% Mehrertrag	?	?
Aktuelle Bedingungen:	Ertragsniveau	hoch	mittel	hoch	mittel	mittel	hoch	mittel	mittel

Erläuterung der Farbskala: Merkmalsausbrägung ist… positiv (grün) neutral (gelb) negativ (orange)

3.8 Energetische Einsatzbereiche von Ackerkulturen

Die Eignung von Ackerkulturen zur energetischen Nutzung ist abhängig von verschiedenen Faktoren. Dazu gehören die wertgebenden Eigenschaften wie Stärke/Zuckergehalt, Proteingehalt, Fett/Ölgehalt, Cellulosegehalt und der Hektarertrag der verwertbaren Pflanzenteile (*STÜLPNAGEL et al. 2009*). Die folgende Übersicht stellt die Bedeutung der wertgebenden Eigenschaften für die verschiedenen in der Metropolregion potenziell zum Einsatz kommenden Konversionsverfahren und die jeweils mit diesen Verfahren zu generierenden Energieformen dar.

Tabelle 15: Wertgebende Eigenschaften von Biomasse für verschiedene Konversionsverfahren und deren energetische Verwertungsmöglichkeiten

	Biodiesel (RME)	Pflanzenöl	Ethanol	BTL	Bio-methan	Festbrenn-stoffe	Holzgas
Wertgebende Eigenschaften							
Öl	x	x			x		
Zucker			x	x	x		
Stärke			x	x	x	x	x
Cellulose			x	x *1	x *1		
Erzeugte Energie							
Gas					x		x
Strom					x	x	x
Wärme					x	x	x
Treibstoff	x	x	x	x	x		

*1 abhängig vom Grad des Aufschlusses. Unaufgeschlossene Rohfaser ist im Biogasprozess schlecht zu vergären, Hemicellulosen eignen sich bei längerer Verweilzeit

Während für die Rapsöl- und Biodieselproduktion nur der ölhaltige Pflanzenteil der Körner von z. B. Raps und Sonnenblumen genutzt werden kann, kommt für die Biogasnutzung die gesamte Pflanze, in der Regel in Form von Ganzpflanzensilage zum Einsatz. Zusätzlich können reife Körner z. B. als Mehl oder gequetscht als Maische vergoren werden. Bedingt durch den hohen Stärkeanteil im Korn haben sie einen höheren Methangehalt/kg TM und können somit zur Prozessteuerung in der Biogasanlage eingesetzt werden. Auch für die Verwertung als Kraftstoff z. B. BTL (Biomass to Liquid) kann die ganze Pflanze genutzt werden. Neue Technologien ermöglichen einen sehr weitgehenden Aufschluss der pflanzlichen Inhaltsstoffe inklusive der Rohfaser. Für Verbrennungsprozesse ist dagegen Material mit hohem Ligninanteil wie Stroh oder Holz, z.B. aus dem Kurzumtrieb, zu bevorzugen. Die folgende Tabelle stellt die energetischen Verwertungsmöglichkeiten der wichtigsten Ackerkulturen in der Übersicht dar. Deutlich wird, dass sich die meisten Kulturen neben der Marktfrucht- oder Futternutzung auch für eine oder mehrere energetische Nutzungsformen eignen. Die betriebliche Flexibilität wird durch diese zusätzlichen Verwertungsschienen deutlich erhöht. So kann z. B. Getreide nicht nur als Marktfrucht oder als Futtergetreide angebaut, sondern auch als GPS-Getreide für die Biogaserzeugung genutzt werden. Die Möglichkeiten zur Aufweitung der Fruchtfolgen die durch die energetischen Nutzungsverfahren gegeben sind, sollten daher auch in der Praxis im Interesse einer ökologischen Stabilisierung der Anbausysteme genutzt werden.

Tabelle 16: Einsatzbereiche landwirtschaftlicher Kulturen bei der Energieerzeugung

Kulturen	**Energetische Konversion**							**Markt frucht**	**Futter-bau**
	Bio-diesel (RME)	**Pflan-zenöl**	**Etha-nol**	**BTL**	**Bio-methan**	**Fest-brenn-stoffe**	**Holz-gas**		
Mais			Korn	GPS, Korn	GPS, Korn			(Korn)	GPS, CCM
Zuckerrübe			Rübe	Rübe, Blatt	Rübe, Blatt			Rübe	
Sonnenblume	Korn	Korn		GPS, Stroh	GPS			(Korn)	
Sorghum b.				GPS, Stroh	GPS			(Korn)	
WWeizen			Korn	GPS, Stroh	GPS, Korn	Stroh	Stroh	Korn	
WTriticale			Korn	GPS, Stroh	GPS, Korn	Stroh	Stroh	Korn	
WRoggen			Korn	GPS, Stroh	GPS, Korn	Stroh	Stroh	Korn	
WGerste			Korn	GPS, Stroh	GPS, Korn	Stroh	Stroh	Korn	Korn
Raps	Korn	Korn		GPS, Stroh	GPS, Korn			Korn	
Kartoffel			Knol-le	Knolle	Knolle			Knolle	
Feldgras, Grünschnitt			GPS	GPS	GPS				GPS
SGerste			Korn	GPS, Korn	GPS, Korn	Stroh	Stroh	Korn	
SWeizen			Korn	GPS, Korn	GPS, Korn	Stroh	Stroh	Korn	
Zwischen-früchte				GPS	GPS				zum Teil
Miscanthus				Stroh		Stroh	Stroh		
Kurzum-triebsgehölze				Hack-schnitzel		Hack-schnitzel			
Reststoffe: Gülle, Mist, Land-schaftspflege, Bioabfall,					Feuchte Biomasse.	Trockene Biomasse			

In Kap.5 werden für die verschiedenen Konversionsverfahren Fruchtfolgebeispiele zur Substraterzeugung vorgestellt. Weitere Untersuchungen zur Energie- und Treibhausgasbilanz dieser Verfahren bei Einsatz unterschiedlicher Biomassen wurden im Rahmen des Verbundprojektes durch *DRESSLER und LOEWEN (2012)* bearbeitet.

4 ERGEBNISSE DER ZUKUNFTSSZENARIEN FÜR DIE LEITGEBIETE

4.1 Klimaänderungen in den Leitgebieten

4.1.1 Niederschläge und Temperatur

Die folgenden drei Tabellen stellen die Änderungen der monatlichen Niederschlagssummen und Durchschnittstemperaturen vom Ist-Zustand (Mittel 1961-1990 auf Basis der DWD Daten) und der modellierten Szenarien 2021-2050 sowie 2071-2100 für die drei Leitgebiete dar.

Tabelle 17: Mittlere monatliche Niederschlagssummen und Durchschnittstemperaturen im Leitgebiet ***Hildesheim*** *für den Zeitraum 1961-1990 (DWD Daten) sowie die Szenarienzeiträume 2021-2050 und 2071-2100 (CLM Modellierung). (Datenbasis: Krause und Groß, 2011).*

LK Hildesheim	**DWD (1961-1990)**		**A1B (2021-2050)**		**A1B (2071-2100)**	
Monat	Nd.[mm]	Temp. [°C]	Nd.[mm]	Temp. [°C]	Nd.[mm]	Temp. [°C]
Januar	69	-0,5	57	0,9	68	3,5
Februar	52	-0,8	62	1,8	64	3,3
März	62	3,3	66	4,4	59	5,7
April	63	6,8	64	8,0	75	9,2
Mai	72	10,4	72	11,9	69	13,4
Juni	85	14,1	85	14,9	71	17,1
Juli	76	14,8	69	16,8	61	18,7
August	74	13,9	74	16,2	65	18,2
September	61	11,5	61	13,8	57	15,3
Oktober	53	7,3	55	9,2	54	10,7
November	69	2,8	79	4,8	78	6,2
Dezember	82	0,3	83	2,6	105	4,7
Summe Nd/ Mittel °C	**818**	**7,0**	**827**	**8.8**	**826**	**10,5**
Winterhj.	387	2,1	401	4,0	427	5,7
Sommerhj.	431	11,9	425	13,5	397	15,3

*Tabelle 18: Mittlere monatliche Niederschlagssummen und Durchschnittstemperaturen im Leitgebiet **Göttingen** für den Zeitraum 1961-1990 (DWD Daten) sowie die Szenarienzeiträume 2021-2050 und 2071-2100 (Datenbasis: Krause und Groß, 2011)*

LK Göttingen	**DWD (1961-1990)**		**A1B (2021-2050)**		**A1B (2071-2100)**	
Monat	Nd.[mm]	Temp. [°C]	Nd.[mm]	Temp. [°C]	Nd.[mm]	Temp. [°C]
Januar	61	-0,3	61	0,5	61	3,0
Februar	48	0,3	58	1,2	58	2,8
März	56	3,4	53	4,2	53	5,5
April	57	7,3	71	7,7	71	9,0
Mai	67	12,0	63	11,5	63	13,0
Juni	86	15,1	72	14,5	72	16,7
Juli	72	16,5	58	16,3	58	18,3
August	69	16,2	60	15,8	60	17,8
September	56	13,0	52	13,5	52	15,0
Oktober	50	9,0	49	8,8	49	10,4
November	63	4,1	71	4,3	71	5,6
Dezember	75	1,0	97	2,2	97	4,3
Summe Nd/ Mittel °C	**760**	**8,1**	**765**	**8,4**	**765**	**10,1**
Winterhj.	352	2,9	388	3,5	388	5,3
Sommerhj.	406	13,4	375	13,2	375	10,0

*Tabelle 19: Mittlere monatliche Niederschlagssummen und Durchschnittstemperaturen im Leitgebiet **Celle** für den Zeitraum 1961-1990 (DWD Daten) sowie die Szenarienzeiträume 2021-2050 und 2071-2100 (Datenbasis: Krause und Groß, 2011)*

LK Celle	**DWD (1961-1990)**		**A1B (2021-2050)**		**A1B (2071-2100)**	
Monat	Nd.[mm]	Temp. [°C]	Nd.[mm]	Temp. [°C]	Nd.[mm]	Temp. [°C]
Januar	62	0,0	53	2,1	55	5,1
Februar	46	0,6	54	3,8	53	6,0
März	54	3,5	58	5,0	48	6,6
April	51	7,4	51	8,4	60	10,2
Mai	59	12,3	57	13,3	59	15,7
Juni	78	15,5	84	16,3	64	19,2
Juli	70	16,8	60	18,4	47	21,2
August	73	16,5	71	17,9	58	20,5
September	57	13,2	59	14,6	46	16,6
Oktober	50	9,2	54	10,2	49	12,1
November	64	4,5	75	6,8	63	8,7
Dezember	70	1,4	74	3,5	84	6,0
Summe Nd/ Mittel °C	**734**	**8,4**	**750**	**10,0**	**686**	**12,3**
Winterhj.	345	3,2	368	5,2	352	7,4
Sommerhj.	387	13,6	382	14,8	333	17,2

Niederschläge: Aktuell fallen im Leitgebiet (LG) Hildesheim mit 818 mm die höchsten Niederschläge, gefolgt vom LG Göttingen mit 758 mm und dem LG Celle mit 732 mm. Nur im LG Celle findet derzeit Zusatzbewässerung statt.

Während im LG Hildesheim und LG Göttingen bis 2100 ein leichter Anstieg der Jahresniederschläge prognostiziert wird, berechnen sich für das LG Celle rückläufige Jahresniederschläge. Wird nach Sommer- und Winterhalbjahr differenziert, so sind jedoch in allen drei Gebieten die Tendenzen gleich. Die Winterniederschläge nehmen zu und die Sommerniederschläge nehmen ab. Damit wird die Wasserversorgung der Pflanzen aus dem Niederschlag während der Vegetationszeit langfristig ungünstiger. Das Mehr an Winterniederschlägen kann hier nur bedingt von Vorteil sein, da maximal die nutzbare Feldkapazität (nFK) der Böden gefüllt und pflanzenverfügbar gehalten werden kann.

Temperaturen: Aktuell hat Alfeld im LG Hildesheim mit 7°C die niedrigsten Jahresdurchschnittstemperaturen, gefolgt vom LG Göttingen mit 8,1 °C und dem LG Celle mit 8,4°C. Im LG Hildesheim fallen somit hohe Niederschläge mit moderaten Temperaturen zusammen, während im LG Celle geringere Niederschläge und höhere Temperaturen die aktuellen Rahmenbedingungen darstellen.

In allen drei Gebieten ergeben die Szenarienzeiträume (auf Basis des IPCC-Emissionsszenarios A1B, Datenquelle: *KRAUSE und GROß, 2011*) einen Temperaturanstieg bis zum Jahr 2100. Im LG Hildesheim steigt die Jahresmitteltemperatur um 3 °C, im LG Göttingen um 2 °C und im LG Celle um 3,9 °C. Der Temperaturanstieg erfolgt sowohl in den Sommer- als auch in den Wintermonaten. Milde Winter können für Winterungen dazu führen, dass die Winterruhe später eintritt, das Auswinterungsereignisse weniger auftreten, aber auch, das Schädlinge und Pflanzenkrankheiten bessere Überwinterungsbedingungen haben und somit der Krankheits- und Befallsdruck steigt. Höhere Temperaturen im Sommerhalbjahr steigern die Transpiration und damit den Wasserbedarf der Pflanzen, ermöglichen aber den wärmeliebenden Kulturen bessere Wachstumsbedingungen. Sie können aber auch bei starken Temperaturextremen (Hitzeperioden) zu Wachstumsdepression, Ertragsausfall und schlechteren Qualitäten, z.B. geringerem N- Gehalt und dadurch zu verminderter Backqualität beim Getreide oder geringerer Futterqualität von Grünschnitt führen. Diese Qualitätsminderung ist bei der Verwendung als Biogassubstrat weniger von Bedeutung, solange der Massenertrag nicht leidet.

4.1.2 Wärmesummen

Die Angabe der Wärmesumme umfasst alle Tage mit Temperaturen oberhalb des angegebenen Schwellenwertes. Die Ergebnisse sind in der folgenden Tabelle für die drei Leitgebiete zusammengestellt. Dabei wurde entsprechend der unterschiedlichen Keimtemperaturen unserer Ackerkulturen nach Temperaturschwellenwerten zwischen 5° Celsius und 12° Celsius differenziert.

Tabelle 20: Wärmesummen in den drei Leitgebieten für die 3 Szenarienzeiträume. Angabe der Veränderung vom (Ist-Zustand, DWD Daten) zu A1B 2021-2050 und A1B 2071-2100 (Datenbasis: Krause und Groß, 2011).

Leitgebiet	**DWD Ist-Zustand**	**A1B**	**A1B**	**Ist-Zustand zu 2021-2050**	**Ist-Zustand zu 2071-2100**
	1961- 1990	2021-2050	2071-2100	relativ	relativ
Göttingen					
> 5°C	2424	2814	3499	16%	44%
> 8°C	2049	2426	3050	18%	49%
> 10°C	1699	2118	2733	25%	61%
> 12°C	1269	1660	2322	31%	83%
Hildesheim					
> 5°C	2620	3027	3739	16%	43%
> 8°C	2264	2623	3247	16%	43%
> 10°C	1906	2283	2913	20%	53%
> 12°C	1476	1876	2496	27%	69%
Celle					
> 5°C	2693	3044	3772	13%	40%
> 8°C	2332	2632	3236	13%	39%
> 10°C	2026	2308	2908	14%	44%
> 12°C	1555	1868	2534	20%	63%
Mittel					
> 5°C	2579	2962	3670	15%	42%
> 8°C	2215	2560	3178	16%	43%
> 10°C	1877	2236	2852	19%	52%
> 12°C	1433	1801	2451	26%	71%

Deutlich wird, dass in allen drei Gebieten die Wärmesummen gegenüber dem Ist- Zustand zunehmen werden. Bis zum Szenarienzeitraum 2021-2050 liegt der auf Basis der Klimaszenarien prognostizierte Anstieg der Wärmesumme zwischen 15 und 26%, und bis zum Zeitraum 2071-2100 bei 42 bis 72%. Der prozentuale Anstieg ist bei den hohen Temperaturschwellenwerten am größten. Dies ist der Tatsache geschuldet, das aktuell (Ist-Zustand) noch deutliche Unterschiede zwischen den Vegetationslängen innerhalb der Temperaturschwellenwerte bestehen (z.B. 2579 °C Temperatursumme bei 5°C Schwellenwert und 1433 °C Temperatursumme bei 12°C Schwellenwert).

Auch zwischen den Leitgebieten lassen sich Unterschiede feststellen. So sind gegenwärtig (Ist-Zustand) die Temperatursummen im nördlichen Teil der Metropolregion (Celle) höher als im südlichen Teil (Göttingen). So ist z.B. beim Schwellenwert 8°C im LK Celle die Wärmesumme um 283°C höher als im LK Göttingen und beim Schwellenwert 12°C um 286°C höher. Der LK Hildesheim nimmt eine Mittelstellung ein, was auch seiner geographischen Lage entspricht. Folgende Grafik verdeutlicht die Entwicklung der Wärmesummen anhand der Jahresmittelwerte am Beispiel des LK Celle.

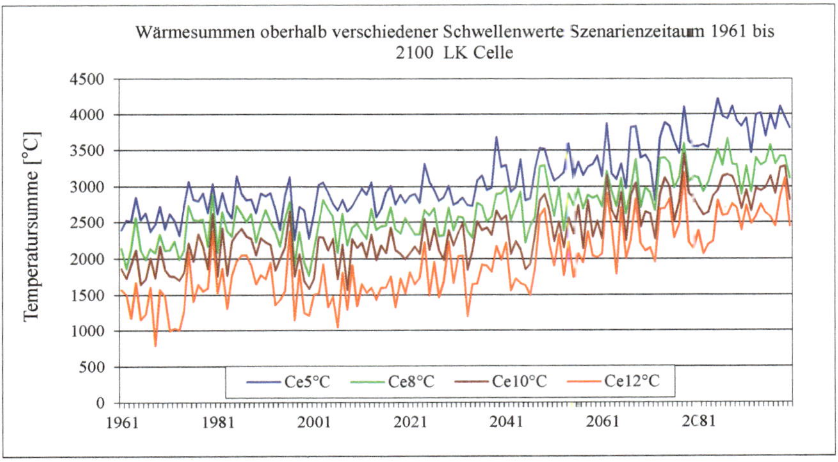

Abbildung 10: Entwicklung der jährlichen Wärmesummen oberhalb 5, 8, 10 und 12 °C im Szenarien-Zeitraum 1961 bis 2100 am Beispiel des Leitgebietes Celle

Steigende Wärmesummen sind, solange ausreichend Wasser zur Verfügung steht, für das Pflanzenwachstum positiv zu werten, wobei Vorteile insbesondere für die Kulturen mit höherem Wärmebedarf zu erwarten sind. Extremtemperaturen können dagegen negative Auswirkungen auf den Ertrag mit sich bringen.

4.1.3 Frosttage

Die folgende Übersicht stellt die ersten und letzten Frosttage im Jahr für die drei Leitgebiete und drei Szenarienzeiträume dar. Das Ende der Frosttage im Frühjahr ist im Hinblick auf die Wahl des geeigneten Aussaattermins, gerade für frostempfindliche Kulturen, entscheidend. Der erste Frosttag im Herbst begrenzt das Wachstum von spät geernteten Kulturen im Herbst.

Tabelle 21: Erster und letzter Frosttag im Jahr für die drei Leitgebiete Göttingen (Gö), Hildesheim (Hi) und Celle (UE) für die 3 Szenarienzeiträume. Angabe der Veränderung zum Ist-Zustand (DWD Daten); (Datenbasis A1B Szenarien: Krause und Groß, 2011)

Leitgebiet	Tag	Frosttage: Datum			Änderung Ist-Zustand zu A1B 2021-2050		Änderung Ist-Zustand zu A1B 2071-2100	
		DWD 1961-1990	A1B: 2021-2050	A1B: 2071-2100	Tage	Summe	Tage	Summe
Göttingen	letzter im Frühj	16.4	7.4	18.3	9	19	28	50
	erster im Herbst	30.10	9.11	21.11	10		22	
Hildesheim	letzter im Frühj	9.4	31.3	9.3	9	22	31	52
	erster im Herbst	5.11	18.11	26.11	13		21	
Uetze	letzter im Frühj	5.4	27.3	6.3	9	21	30	54
	erster im Herbst	5.11	17.11	30.11	12		25	
Mittel	letzter im Frühj	10.4	1.4	11.3	9	21	30	52
	erster im Herbst	3.11	15.11	25.11	12		22	

Im Mittel der drei Leitgebiete beginnt im Vergleich zum Ist-Zustand im Szenario 2021 bis 2050 die frostfreie Zeit 9 Tage früher und endet 12 Tage später. Die frostfreie Zeit steigt somit um 21 Tage im Jahr. Bis zum Jahr 2100 steigt die frostfreie Zeit auf 52 Tage weiter an. Während zurzeit im Frühjahr noch bis 10. April Frosttage auftreten, ist dies 2100 nur noch bis 11. März der Fall. Im Herbst ist gegenwärtig ab 3. November mit Frosttagen zu rechnen, dies wird in der Zeitspanne 2075 bis 2100 erst ab dem 25.November der Fall sein.

4.1.4 Auswirkungen auf die Vegetationszeiten

Im Folgenden wird auf die Veränderung der Vegetationszeiten im Klimawandel eingegangen. Die folgenden Abbildungen stellen die Veränderung der Vegetationszeiten in den Klimaszenarien bis 2100 dar, wobei nach den Keimtemperaturen der Kulturen unterschieden wird. Als Basis für den Beginn und das Ende wurden jeweils 7 aufeinanderfolgende Tage ohne Unterschreitung der Zieltemperatur vorausgesetzt. Lediglich bei den Vegetationszeiten >5°C können auch vereinzelte Frosttage auftreten.

Leitgebiet Göttingen (Krebeck- Wollbrandshausen):

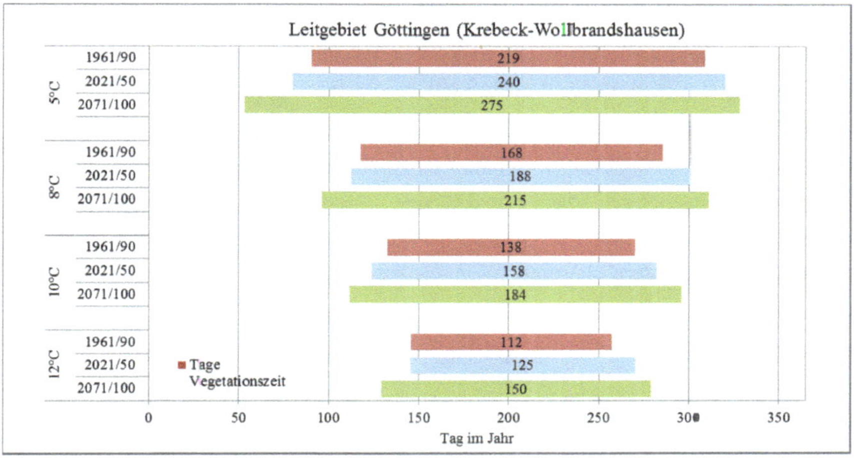

Abbildung 11: Vegetationsdauer in Tagen in den Klimaszenarien 1961-1990, 2021- 2050 und 2071-2100 unter Berücksichtigung verschiedener Feldaufgangstemperaturen. Leitgebiet Göttingen (Gemeinde Krebeck-Wollbrandshausen)

Für Kulturen wie Wintergetreide, Zuckerrüben, Raps und Kurzumtriebsgehölze mit einer Keimtemperatur von ca. 5°C steigt die berechnete Vegetationszeit für das Szenario 2075 bis 2100 im Vergleich zum Ist-Zustand (1961-1990) von 219 auf 275 Tage und nimmt somit um 56 Tage zu.

Für Kulturen mit einer Keimtemperatur von ca. 8 °C wie dem Sommergetreide und Kartoffeln verlängert sich die Vegetationszeit um 37 Tage. Für Kulturen mit einer Keimtemperatur von 8 bzw. 10 ° C wie der Sonnenblume und dem Mais verlängert sich die Vegetationszeit von derzeit 138 Tagen auf 184 Tage, also um 46 Tage. Für Kulturen mit einer Keimtemperatur von 12°C wie den Sorghumarten steigt die Vegetationszeit von derzeit 112 auf 150 Tage, also um 38 Tage an.

Es kommt in allen Temperaturbereichen sowohl zu einem früheren Vegetationszeitbeginn als auch zu einem späteren Vegetationszeitende. Zusammenfassend wird eine Vegetationszeitverlängerung zwischen 56 und 38 Tagen für das Leitgebiet Göttingen, repräsentativ für die südliche Metropolregion, festgestellt.

Leitgebiet Hildesheim (Alfeld):

Für Kulturen mit einer Keimtemperatur von ca. 5° C steigt die berechnete Vegetationszeit für das Szenario bis 2075 - 2100 im Vergleich zum IST-Zustand (1961-1990) um 65 Tage. Für Kulturen mit einer Keimtemperatur von ca. 8° C, 10° C und 12° C verlängert sich die Vegetationszeit um 42, 39 bzw. 38 Tage.

Auch im Leitgebiet Hildesheim kommt es zu einem früheren Vegetationszeitbeginn sowie zu einem späteren Vegetationszeitende. Zusammenfassend wird eine Vegetationszeitverlängerung zwischen 65 und 38 Tagen für das Leitgebiet Hildesheim, repräsentativ für die mittlere Metropolregion, festgestellt.

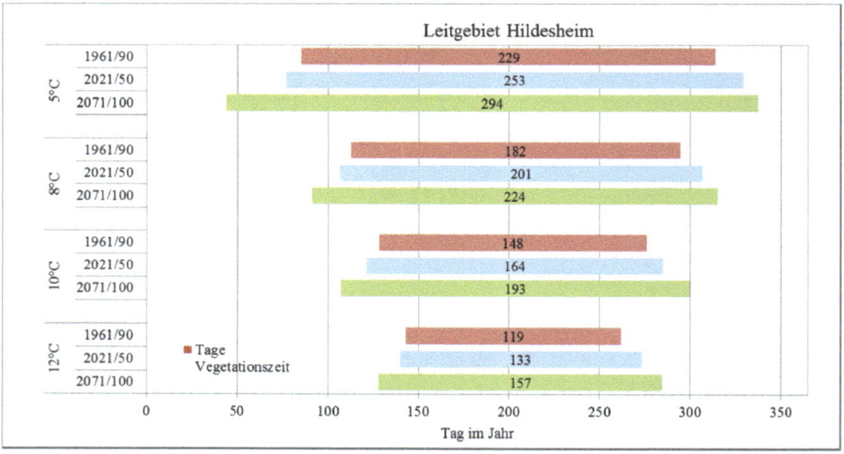

Abbildung 12: Vegetationsdauer in Tagen in den Klimaszenarien 1961-1990, 2021- 2050 und 2071-2100 unter Berücksichtigung verschiedener Feldaufgangstemperaturen. Leitgebiet Hildesheim (Gemeinde Alfeld)

Leitgebiet Celle (Uetze):

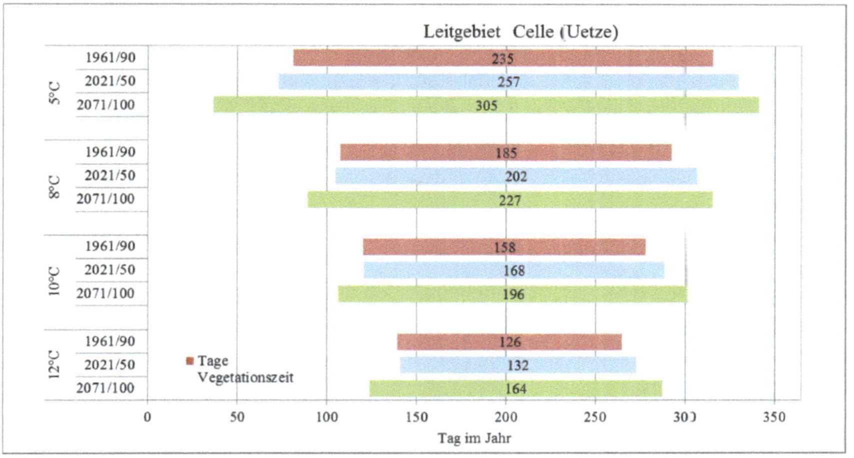

Abbildung 13: Vegetationsdauer in Tagen in den Klimaszenarien 1961-1990, 2021- 2050 und 2071-2100 unter Berücksichtigung verschiedener Feldaufgangstemperaturen. Leitgebiet Celle (Gemeinde Uetze)

Für Kulturen mit einer Keimtemperatur von ca. 5°C steigt die berechnete Vegetationszeit für das Szenario 2075 bis 2100 im Vergleich zum IST-Zustand (1961-1990) um 70 Tage. Für Kulturen mit einer Keimtemperatur von ca. 8 °C verlängert sich die Vegetationszeit um 41 Tage, bei Keimtemperaturen von 10°C und 12°C jeweils um 38 Tage.

Auch im Leitgebiet Celle ist die Zeitdauer der Vegetation sowohl ins Frühjahr als auch in den Herbst hinein verlängert. Zusammenfassend wird eine Vegetationszeitverlängerung zwischen 65 bzw. 38 Tagen für das Leitgebiet Celle, welches die nördliche Metropolregion repräsentiert, festgestellt.

Vegetationszeiten im Mittel der Leitgebiete:

In der folgenden Tabelle 22 sowie in Abbildung 12 sind die Änderungen der Vegetationszeiten im Mittel der drei Leitgebiete dargestellt. Grundsätzlich wurden für die drei Leitgebiete die gleichen Tendenzen einer verlängerten Vegetationszeitdauer festgestellt, die sich aus einem früheren Beginn und einem späteren Ende der Vegetationszeit ergeben. Im Szenario 2021 - 2050 verlängert sich die Vegetationszeit im Mittel der Leitgebiete beim 5°C-Schwellenwert um 23 Tage und beim 12°C-Schwellenwert um 11 Tage (nicht dargestellt in der Tabelle). Im Szenario 2071 bis 2100 liegen diese Werte bei 64 Tagen für den 5°C-Schwellenwert bzw. bei 30 Tagen beim 12°C Schwellenwert. Das bedeutet, dass bis zum Jahr 2100 eine um ~1 Monat verlängerte Vegetationsphase prognostiziert wird, die dann für die Biomassebildung der Kulturen, wie z. B. dem wärmeliebenden Sorghum, zur Verfügung steht. Auch hier wird es von den weiteren Klimafaktoren, insbesondere von Frosteinbrüchen in Extremjahren, der Niederschlagsmenge und –verteilung, aber auch anderen Aspekten, wie z. B der Befahrbarkeit der Flächen, abhängig sein, ob die verlängerte Vegetationszeit auch so genutzt werden kann, dass sie ertragsrelevant wird.

Tabelle 22: Änderung des Vegetationsbeginns und Endes (Datum) in den Klimaszenarien 2021-2050 und 2071-2100 im Vergleich zum Ist-Zustand 1961-1990 unter Berücksichtigung verschiedener Feldaufgangstemperaturen, im Mittel der Leitgebiete

Feldaufgangs-temperaturen	**Szenario**	**Datum**		**Änderung zu Ist-Zustand (1961- 1990) um Anzahl Tage**		
		Beginn	Ende	früherer Beginn	späteres Ende	Summe
5°C	1961-1990	25.3	7.11			
	2021-2050	16.3	21.11	9	14	23
	2071-2100	13.2	30.11	41	23	64
8°C	1961-1990	21.4	16.10			
	2021-2050	16.4	30.10	5	14	18
	2071-2100	1.4	8.11	20	23	43
10°C	1961-1990	5.5	30.9			
	2021-2050	30.4	11.10	5	10	16
	2071-2100	17.4	25.10	18	23	43
12°C	1961-1990	21.5	17.9			
	2021-2050	20.5	28.9	1	11	11
	2071-2100	14.5	9.10	7	22	38

Datenbasis: CLM, Krause und Groß, 2011

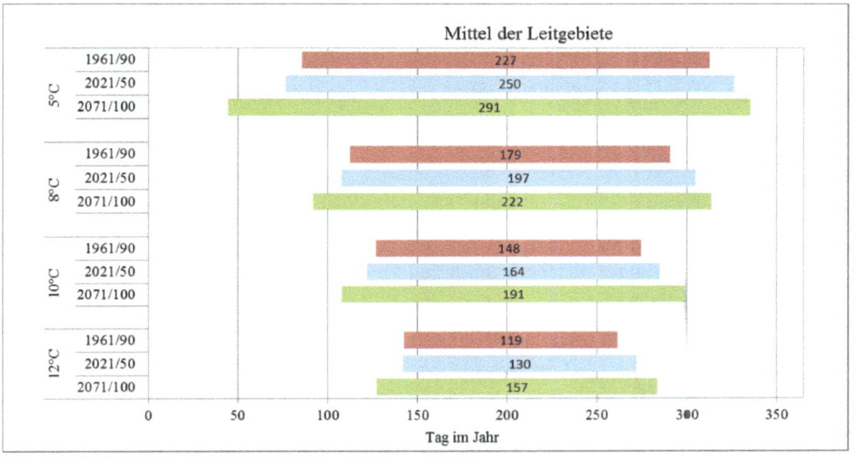

Abbildung 14: Vegetationsdauer in Tagen in den Klimaszenarien 1961-1990, 2021- 2050 und 2071-2100 unter Berücksichtigung verschiedener Feldaufgangstemperaturen im Mittel der Leitgebiete

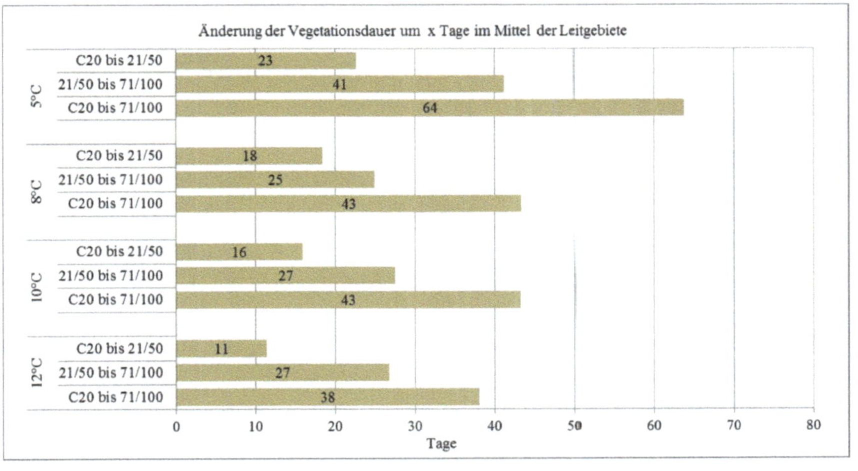

Abbildung 15: Veränderung der Vegetationsdauer in Tagen in den Klimaszenarien 1961-1990, 2021- 2050 und 2071-2100 unter Berücksichtigung verschiedener Feldaufgangstemperaturen im Mittel der Leitgebiete

4.2 Modellierung der Ertragsleistung mit dem Pflanzenwachstumsmodell

Die Ertragsmodellierung wurde mit dem Wachstumsmodell BioSTAR *(BAUBÖCK, 2010, 2013, siehe auch 2.5)* durchgeführt. Die eingehenden Klimadaten wurden vom Krause und Groß (2011) bereitgestellt. Dabei wurde das Spektrum der heute genutzten Energiepflanzen für die Biogaserzeugung sowie die Treibstoffherstellung ausgewählt. Es wurde eine Beschränkung auf einjährige Kulturen vorgenommen. Des Weiteren wurde der technische und züchterische Fortschritt nicht berücksichtigt, da diese für einen so langen Zeithorizont kaum zu quantifizieren sind. Für die Leitgebiete Göttingen und Hildesheim wurden jedoch später reifende Sorten gewählt als für den LK Celle, da für diesen eine Vegetationszeitbeschränkung aufgrund geringerer Wasserverfügbarkeit unterstellt wurde.

Die wichtigsten kulturartenspezifischen Ergebnisse wie Niederschlags- und Temperatursumme in der Vegetationszeit sowie Vegetationslänge der modellierten Kulturen sind für die drei Leitgebiete im Anhang zusammengestellt.

Die Änderungen des Biomasseertrages werden im Folgenden prozentual zum Ist-Zustand und jeweils als Mittelwert der untersuchten Region dargestellt (Ausnahme: Raps bezieht sich auf den Kornertrag). Damit soll der Blick auf die relativen Änderungen im Klimawandel gerichtet werden. Insbesondere negative Änderungen gilt es, durch gezielte ackerbauliche und weitere produktionstechnische Maßnahmen auszugleichen. Auch eine Übertragbarkeit auf andere Regionen ist bei der Darstellung relativer Werte eher gegeben als bei absoluten Ertragszahlen, die in der Praxis schon sehr kleinräumig variieren. Eine differenzierte kartografische Darstellung der Ertragsänderungen ist für die jeweiligen Leitgebiete erfolgt. Die Abgrenzung der Einheiten erfolgte dabei nicht nach Schlaggrenzen, sondern auf Basis der Bodenarten. Es werden aus der Fülle der Daten repräsentative Ergebnisse vorgestellt.

4.2.1 Modellierte Ertragsszenarien im Leitgebiet Göttingen (Krebeck-Wollbrandshausen)

Die Modellierung erfolgte auf Basis der durchschnittlichen Ackerzahlen der Gemeinden Krebeck-Wollbrandshausen im Leitgebiet Göttingen. Die folgende Tabelle stellt die modellierten Ertragsänderungen in den drei Szenarienzeiträumen dar:

Tabelle 23: Modellierte Biomasseerträge von ausgewählten Energiepflanzen für die Klimaperioden 2021-2050 und 2070-2100, dargestellt als Änderung zu 1961-1990 (Basisertrag) für das Leitgebiet Krebeck-Wollbrandshausen

Leitgebiet Göttingen (Krebeck-Wollbrandshausen)			
Szenario	**1961-1990**	**2021-2050**	**2071-2100**
Kultur	Basisertrag	Änderung [%]	Änderung [%]
Mais	100%	105%	111%
Zuckerrübe		101%	103%
Sonnenblume		105%	100%
Sorghum bicolor		104%	106%
SWeizen		93%	85%
WWeizen		98%	89%
WTriticale		98%	89%
WRoggen		98%	87%
WGerste		93%	64%
WRaps [Korn]		88%	68%

Steigerung: grau hinterlegt

Die Ergebnisse zeigen sowohl ertragssteigernde als auch ertragsmindernde Tendenzen. Positive Auswirkungen (grau hinterlegt) auf die Ertragsleistung hat der Klimawandel im Leitgebiet Göttingen für die C_4-Sommerungen Mais und Sorghum, sowie die C_3- Kultur Zuckerrüben. Dieser Effekt bleibt bis zur Zeitspanne 2071-2100 erhalten. Auch die Ertragsleistung von Sonnenblumen wird positiv beeinflusst, allerdings nur bis zum Zeitraum 2021-2050, danach nimmt die Ertragsleistung wieder ab, so dass über den gesamten Zeitraum keine auf den Klimawandel zurückzuführenden Änderungen in der Modellierung zum Tragen kommen.

Anders sieht es bei den Wintergetreidearten Weizen, Roggen und Triticale aus. Sie reagieren mit einem Ertragsabfall, der bis zum Szenario 2071-2100 je nach Kultur zwischen 11 und 15% beträgt. Am stärksten fällt der Ertragsrückgang bei Wintergerste sowie bei Winterraps mit Mindererträgen über 30% aus.

Beispiele: Da Winterweizen und Raps zu den wichtigsten Kulturen im Landkreis Göttingen gehören, werden für die Kulturen die modellierten Szenarien auch kartographisch dargestellt.

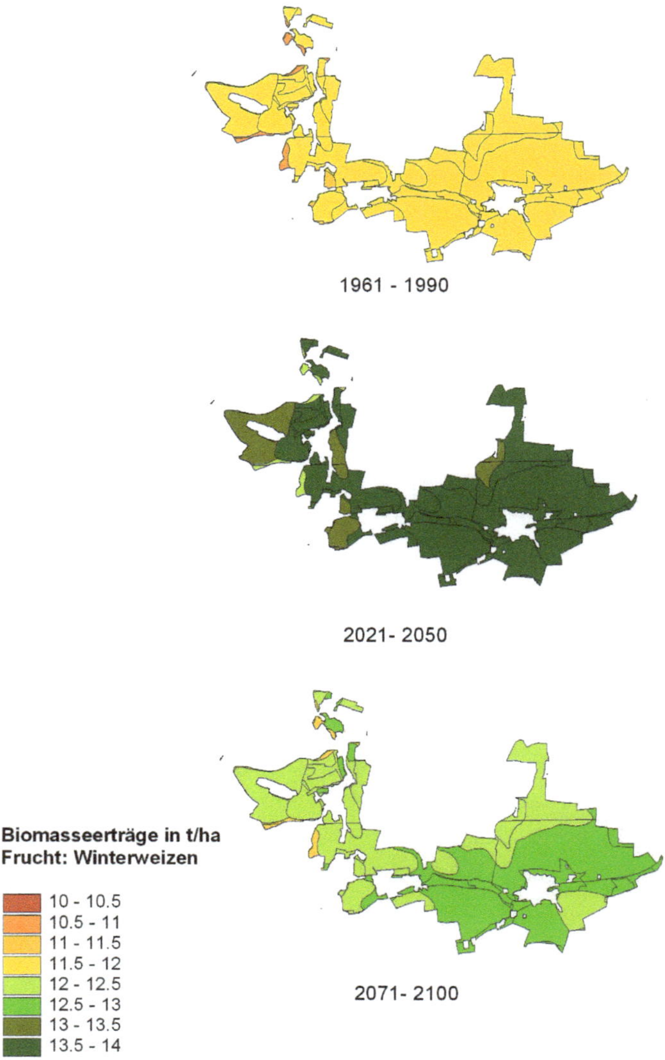

Abbildung 16: Modellierte Biomasseerträge für Winterweizen in den in den Klimaszenarien 1961-1990, 2021-2050 und 2071-2100 für die Gemeinde Krebeck-Wollbrandshausen

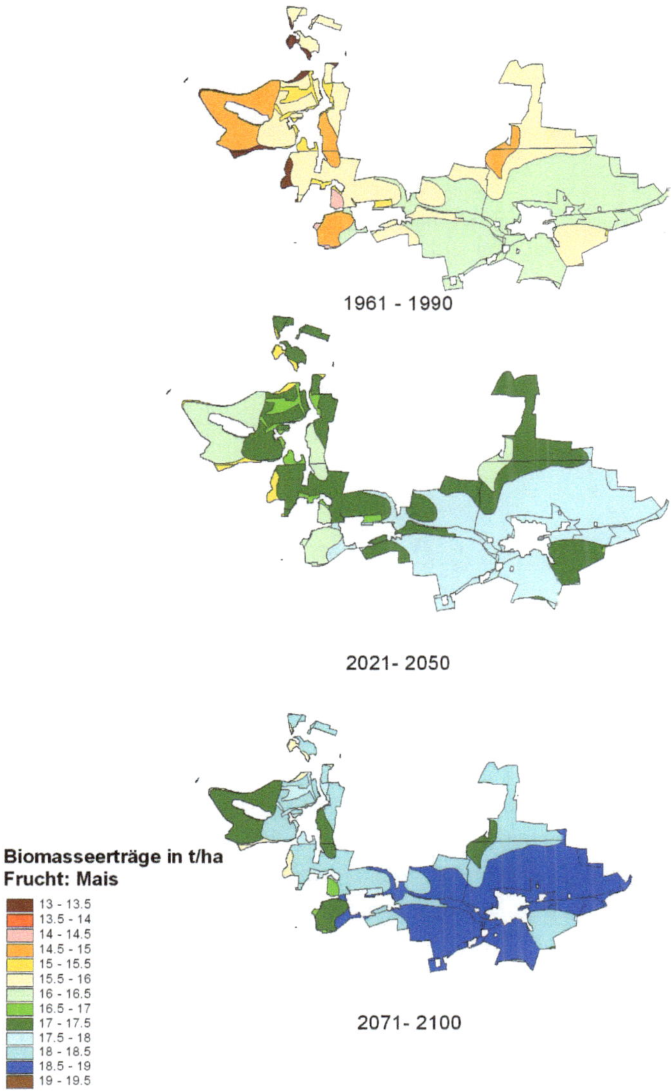

Abbildung 17: Modellierte Biomasseerträge für Mais in den in den Klimaszenarien 1961-1990, 2021-2050 und 2071-2100 für die Gemeinde Krebeck-Wollbrandshausen

4.2.2 Modellierte Ertragsszenarien im Leitgebiet Hildesheim (Alfeld)

Die folgende Abbildung stellt die Veränderung der Vegetationszeiten in den drei Szenarienzeiträumen für das Leitgebiet Hildesheim dar.

Tabelle 24: Modellierte Biomasseerträge von ausgewählten Energiepflanzen für die Klimaperioden 2021-2050 und 2071-2100, dargestellt als Änderung zu 1961-1990 (Basisertrag) für das Leitgebiet Alfeld

	Leitgebiet Hildesheim (Alfeld)		
Szenario	**1961-1990**	**2021-50**	**2071-100**
Kultur	Basisertrag	Änderung [%]	Änderung [%]
Mais	100%	107%	113%
Zuckerrübe		112%	114%
Sonnenblume		108%	102%
Sorghum bicolor		106%	101%
SWeizen		94%	89%
WWeizen		98%	88%
WTriticale		97%	89%
WRoggen		98%	85%
WGerste		93%	67%
WRaps [Korn]		87%	67%

Steigerung: grau hinterlegt

Auch im Leitgebiet Hildesheim zählen die Kulturen Silomais, Zuckerrübe, Sonnenblumen und Sorghum zu den Gewinnern des Klimawandels und reagieren positiv mit Ertragssteigerungen. Diese nehmen bei Mais und auch bei Zuckerrüben noch bis 2100 zu, während sie für Sonnenblumen und Sorghum in der zweiten Modellphase, also nach 2071, wieder rückläufig sind.

Zu den Verlierern gehören wie auch im Leitgebiet Göttingen die Getreidearten und Raps. Auch hier zeigen Wintergerste und Winterraps die stärksten Beeinträchtigungen der Ertragsleistung. Die ähnlichen Standortbedingungen zwischen den beiden Leitgebieten führen zu recht ähnlichen Ertragsänderungen.

Beispiele: Da Zuckerrüben zu den wichtigsten Kulturen im Landkreis Hildesheim gehören, sollen für diese Kultur die modellierten Szenarien auch kartographisch dargestellt werden. Weiter wurde das Beispiel Winterraps gewählt. Als Teilgebiet wird die Gemeinde Alfeld dargestellt.

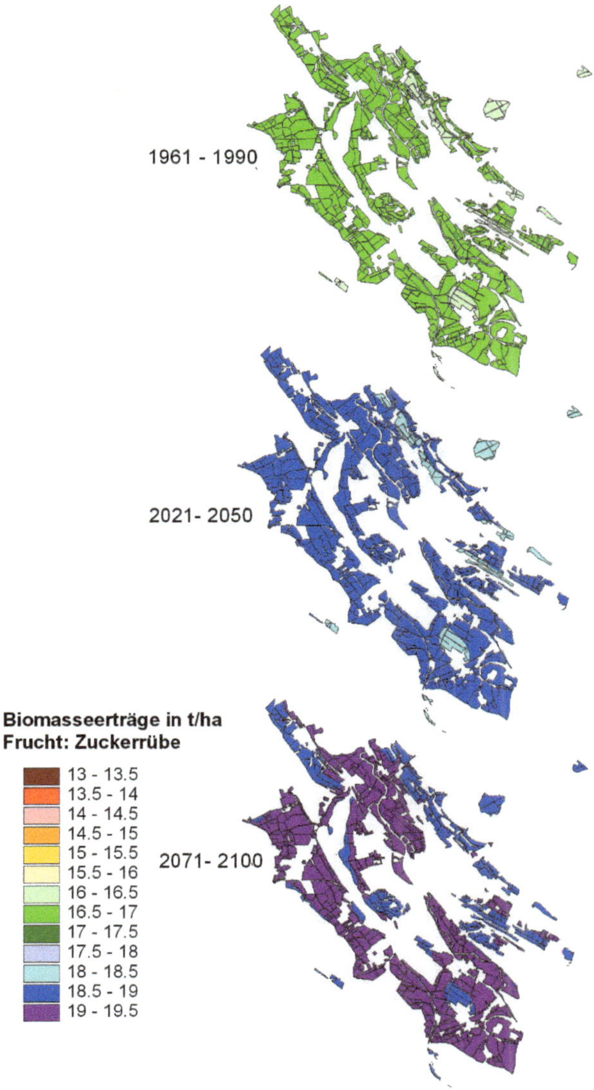

Abbildung 18: Modellierte Biomasseerträge für Zuckerrüben in den in den Klimaszenarien 1961-1990, 2021-2050 und 2071-2100 für die Gemeinde Alfeld

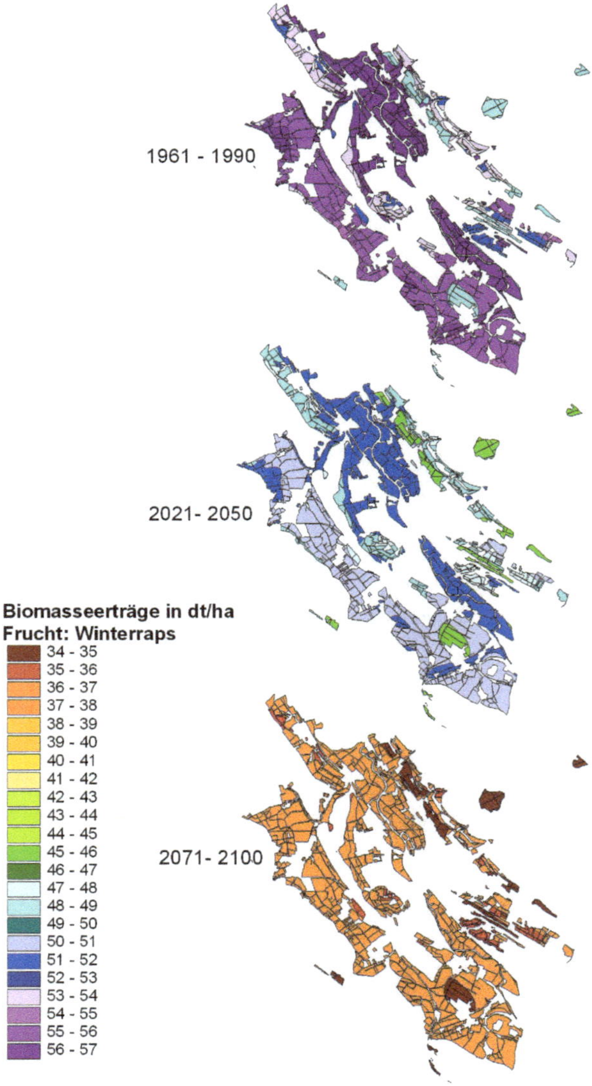

Abbildung 19: Modellierte Biomasseerträge für Winterraps in den in den Klimaszenarien 1961-1990, 2021-2050 und 2071-2100 für die Gemeinde Alfeld

4.2.3 Modellierte Ertragsszenarien im Leitgebiet Celle (Uetze)

Die folgende Abbildung stellt die Veränderung der Vegetationszeiten in den Szenarienzeiträumen bis 2100 für das Leitgebiet Celle dar.

Tabelle 25: Modellierte Biomasseerträge von ausgewählten Energiepflanzen für die Klimaperioden 2021-2050 und 2071-2100, dargestellt als Änderung zu 1961-1990 (Basisertrag) für das Leitgebiet Celle (Uetze)

	Leitgebiet Celle (Uetze)		
Szenario	**Ist-Zustand1961-1990**	**A1B 2021-2050**	**A1B 2071-2100**
Kultur	Basisertrag	Änderung [%]	Änderung [%]
Mais	100%	97%	96%
Zuckerrübe		109%	110%
Sonnenblume		106%	103%
Sorghum bicolor		104%	104%
SWeizen		96%	92%
WWeizen		106%	93%
WTriticale		100%	85%
WRoggen		102%	87%
WGerste		96%	66%
WRaps [Korn]		93%	70%

Steigerung: grau hinterlegt

Abweichend zu den anderen Gebieten wird der Maisertrag im Leitgebiet Celle durch den Klimawandel leicht negativ beeinflusst und ist um 4% bis 2100 rückläufig. Positiv reagieren auch in diesem Gebiet die Kulturen Zuckerrübe, Sonnenblumen und Sorghum.

Ebenfalls abweichend zu den anderen Gebieten steigen die Erträge von Winterweizen und Winterroggen im mittleren Szenario 2021- 2050 noch leicht an, bevor sie dann, wie auch Sommerweizen und Wintertriticale, rückläufige Erträge zeigen.

Wie auch in den anderen Gebieten zeigen Winterraps und Wintergerste im Szenario 2071-2100 mit 30 bzw. 43% die deutlichsten Ertragsrückgänge.

Beispiele: Da der Silomais zu den wichtigsten Kulturen im Leitgebiet Celle gehört und Sorghum als potenzielle Ergänzungskultur zu Mais zunehmend von Interesse ist, werden für diese Kulturen die modellierten Szenarien auch kartographisch für das Teilgebiet Gemeinde Uetze dargestellt.

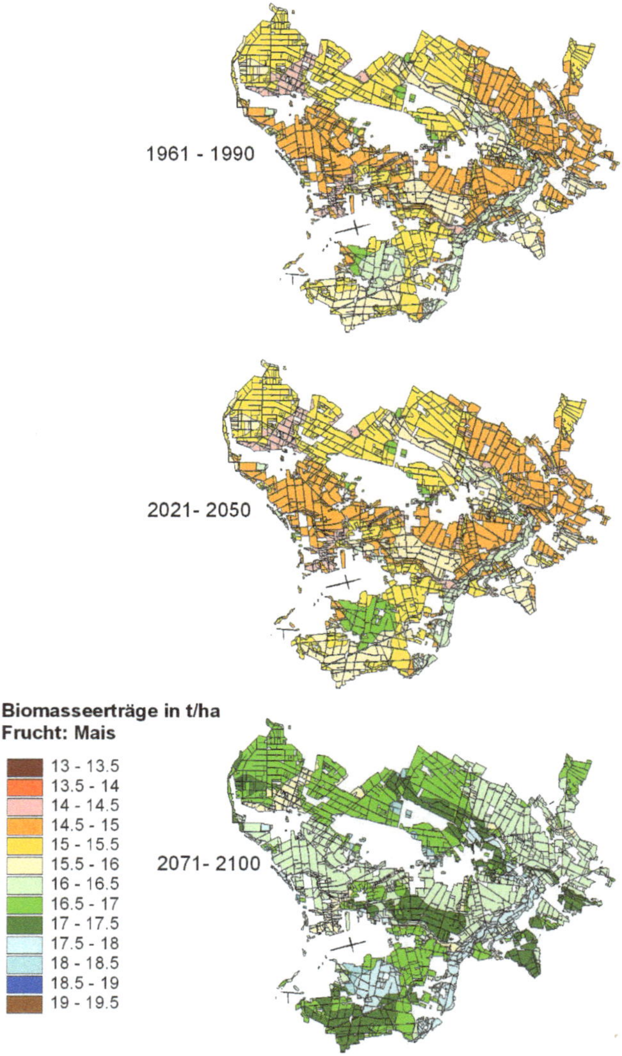

Abbildung 20: Modellierte Biomasseerträge für Mais in den in den Klimaszenarien 1961-1990, 2021-2050 und 2071-2100 für die Gemeinde Uetze

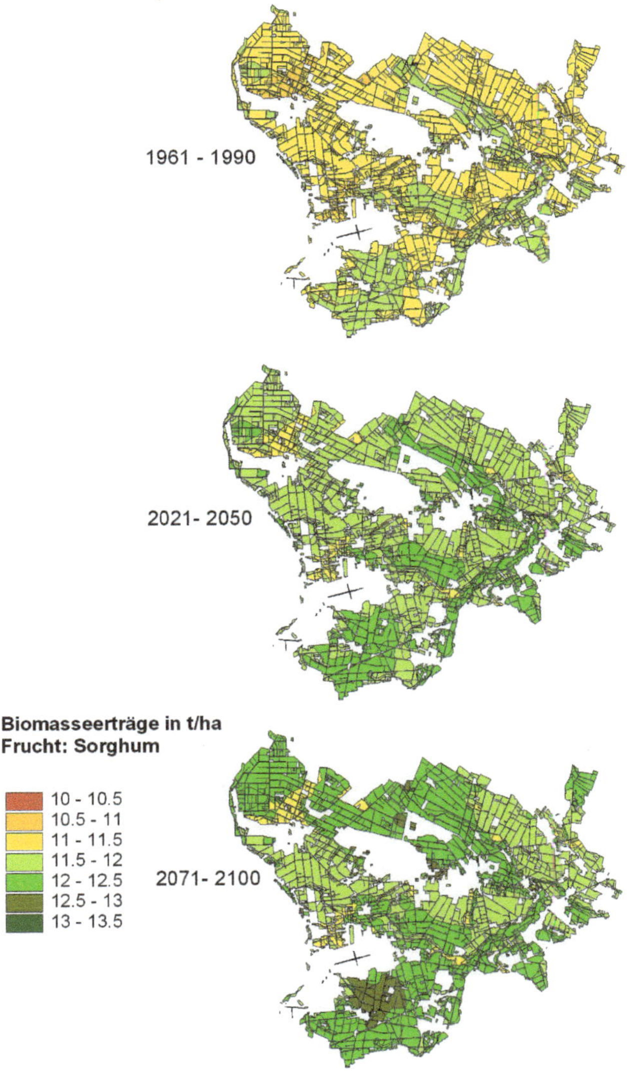

Abbildung 21: Modellierte Biomasseerträge für Sorghum bicolor in den in den Klimaszenarien 1961-1990, 2021-2050 und 2071-2100 für die Gemeinde Uetze

Erklärungsansätze für die modellierten Auswirkungen des Klimawandels auf die Erträge der untersuchten Kulturen erfolgen im Kapitel 4.4.

4.3 Exemplarische Simulation von klimatischen Extremjahren und Zusatzbewässerung im Hinblick auf die Ertragsleistung von Silomais und Roggen

Die im vorangegangen dargestellte Entwicklung der Biomasseerträge im Klimawandel basiert jeweils auf mittleren Klimaszenarien. In Einzeljahren kann es heute wie auch in Zukunft zu nicht unerheblichen Abweichungen, z.B. deutlich geringeren Niederschlägen kommen. Um Aussagen über solche Abweichungen treffen zu können, wurden exemplarische Szenarien und deren Ertragsauswirkung auf Silomais und Roggen berechnet. Basis sind ebenfalls die Standortdaten der drei Leitgebiete. Genauer untersucht wurden die Effekte von verminderten Niederschlagsaufkommen, aber auch von Zusatzbewässerungsgaben.

4.3.1 Simulation eines Trockenjahres mit reduzierter Niederschlagsmenge

Um den Einfluss schwankender Niederschlagsmengen unabhängig von anderen Klimaparametern auf den Biomasseertrag besser beschreiben zu können, wurde für die drei Leitgebiete anhand der DWD Niederschlagsdaten (Ist-Zustand) und der Szenarien 2021-2050 und 2071-2100 geprüft, wie sich ein pauschaler Abschlag von 30% der Niederschlagsmenge (Trockenjahr) auf die verfügbare Wassermenge und daraus resultierend den rechnerischen Biomasseertrag auswirkt. Dabei wurde für Getreide (W = Winter, S = Sommer) ein Evapotranspirationskoeffizient von 350 mm unterstellt und für Mais, Hirsen und Rüben ein Evapotranspirationskoeffizient von 250 mm. Da die Ergebnisse zwischen den Zeit-Szenarien nicht zu unterschiedlichen Aussagen führten, werden in der folgenden Tabelle 26 nur die Ergebnisse auf Basis der DWD Daten (Ist-Zustand) dargestellt.

Tabelle 26: Berechnung der Auswirkungen reduzierter Niederschlagsmengen auf die Wasserverfügbarkeit und den Ertrag verschiedener Kulturen für drei Leitgebiete auf Basis der DWD Daten a) Ist-Zustand voller Niederschlag, b) 30% Niederschlagsreduktion

Parameter	**Celle (Uetze)**	**Hildesheim (Alfeld)**	**Göttingen (Krebeck)**
Durchschn. NFK (mm)	113	181	212
Ist-Zustand: aktueller Niederschlag			
Nied. 04-08 Σ W. u. S. Getreide	318	366	321
verfügb. Wasser (mm)	431	547	533
t TM (mit ETK= 350 l/kg)	12,3	15,6	15,2
Nied. 05-10 Σ Mais, Hirse, Rüben	372	414	367
verfügb. Wasser (mm)	485	595	579
t TM (mit ETK= 250 l/kg)	19,4	23,8	23,2
Szenario 30 %ige Niederschlagsreduktion			
Nied. 04-08 Σ W. u. S. Getreide	223	256	225
verfügb. Wasser (mm)	336	437	437
t TM (mit ETK= 350 l/kg)	9,6	12,5	12,5
Ertragsreduktion (%)	**-22**	**-20**	**-18**
Nied. 05-10 Σ Mais, Hirse, Rüben	260	290	257
verfügb. Wasser (mm)	373	471	469
t TM (mit ETK= 250 l/kg)	15	19	19
Ertragsreduktion (%)	**-23**	**-21**	**-19**

DWD = Deutscher Wetterdienst; W = Wintergetreide; S = Sommergetreide; ETK = Evapotranspirationskoeffizient

Im Ergebnis kann festgestellt werden, das eine Reduktion der Niederschläge um 30% zu einer Ertragsminderung um 18 – 23% führt. Auch im Mittel aller Szenarien (20,5%) wurde dies bestätigt. Das Ergebnis macht deutlich, dass *in Trockenjahren* reduzierte Niederschlagsaufkommen deutlich negativ auf den Ertrag wirken. Die auf Basis der *mittleren* Klimaänderungen bis 2100 berechneten Biomasseerträge für die drei Szenarienzeiträume (Kap. 4.2) stellen somit auch *mittlere* Ertragsänderungen dar. In extrem trockenen Jahren muss somit zusätzlich zu den Klimawandelbedingten Effekten mit weiteren Abschlägen von diesen Ertragspotenzialen gerechnet werden.

4.3.2 Ertragsstabilität von Mais und Roggen im Vergleich

Um vergleichende Aussagen über die Ertragsstabilität von Silomais und Winterroggen treffen zu können, wurden für das niederschlagsarme und mit leichten Böden ausgestattete Leitgebiet Celle (Uetze) im Ist-Zustand Variationen des Niederschlags in der Vegetationszeit sowie des CO_2- Gehaltes der Atmosphäre vorgenommen. Der CO_2-Gehalt der Atmosphäre wurde jeweils für die feuchte und die trockene Variante (100% und -10% Niederschläge) auf 600 ppm gesetzt. Zusätzlich wurde eine trockene Variante (-10% Niederschläge) mit dem aktuellen CO_2- Gehalt der Atmosphäre (380 ppm) gerechnet. Exemplarisch werden in den folgenden Tabellen die Ergebnisse repräsentativ für eine nutzbare Feldkapazität des effektiven Wurzelraumes (nFK_{We}) des Bodens von 113 mm wiedergegeben.

Tabelle 27: Variation des Niederschlags und des CO_2 - Gehaltes und Auswirkungen auf den modellierten Ertrag und Wasserbedarf bei Silomais am Beispiel Uetze

Kultur **Standort:**	**Silomais** Podsol		
Feste Annahmen:			
Bestellung [Datum]	15.4.		
Ernte [Datum]	20.8.		
nFKWe [mm]	113		
Variable Annahmen	ohne Trockenheit	mit Trockenheit	mit Trockenheit und weniger CO_2
Niederschlag	100%	minus 10%	minus 10%
CO_2 [ppm]	600	600	380
Ergebnis			
TM [t/ha]	**12,7**	**10,9**	**9,1**
Wasserbedarf [l(kg]	255	254	309
Wasserbedarf gesamt [mm]	325	276	280

Tabelle 28: Variation des Niederschlags und des CO_2 - Gehaltes und Auswirkungen auf den modellierten Ertrag und Wasserbedarf bei Winterroggen am Beispiel Uetze

Kultur Standort:	**Roggen** Podsol		
Feste Annahmen:			
Bestellung [Datum]	6.10.		
Ernte [Datum]	10.6.		
nFKWe [mm]	113		
Variable Annahmen	ohne Trockenheit	mit Trockenheit	mit Trockenheit und weniger CO_2
Niederschlag	100%	minus 10%	minus 10%
CO_2 [ppm]	600	600	380
Ergebnis			
TM [t/ha]	**13,4**	**13,3**	**12,0**
Wasserbedarf [l/kg]	157	171	201
Wasserbedarf gesamt [mm]	229	208	241

Die Ausgangserträge betragen bei hohem CO_2- Gehalt (600 ppm) und guter Wasserversorgung bei beiden Kulturen gerundet 13 t TM/ha.

Mais zeigt bei reduziertem Niederschlag einen Ertragsrückgang von -1,8 t TM/ha und bei Herabsetzung des CO_2- Gehaltes auf das aktuelle Niveau von 380 ppm einen Rückgang von -3,6 t TM/ha. Sowohl der Wassermangel als auch die CO_2- Reduktion tragen somit in ungefähr gleichem Ausmaß zum Ertragsrückgang bei.

Winterroggen reagiert dagegen bei reduziertem Niederschlag nur mit einem Ertragsrückgang von -0,1 t TM/ha und bei zusätzlicher Minderung des CO_2- Gehaltes mit einem Rückgang von -1,4 t TM/ha. Dies zeigt die hohe Ertragsstabilität des Roggens auch bei geringem Wasserangebot. Da er als C_3-Kultur stärker als Mais von einem hohen CO_2- Gehalt in der Atmosphäre profitiert, können Ertragseinbußen insbesondere auf die verminderten CO_2- Gehalte zurückgeführt werden. Der Roggen würde somit bei den zugrunde gelegten Anbaubedingungen auch unter den Bedingungen des Klimawandels als die ertragsstabilere Kultur gelten.

Das Ergebnis eines deutlich geringeren Wasserbedarfs pro Kilogramm gebildeter Trockenmasse bei Roggen im Vergleich zu Mais ist auf seine hohe Trockenresistenz zurückzuführen. C_4-Kulturen und so auch der Mais, werden in der Literatur im Vergleich zu C_3- Wintergetreide wassereffizienter eingestuft. Ihr hohes Ertragspotenzial, das insbesondere unter klimatisch günstigen Bedingungen zum Tragen kommt, kann jedoch nur ausgeschöpft werden, wenn der Wasservorrat nicht ins Minimum gerät. Auf dem Podsolstandort kann Mais offensichtlich nicht sein Ertragspotenzial ausschöpfen. Weitere Untersuchungen, insbesondere auch Feldversuche müssen erfolgen, um dieses modellierte Ergebnis zu verifizieren.

Unberücksichtigt bleibt bei dieser Betrachtung die Frage, wie sich das Ertragspotenzial von Mais und Roggen bei Zusatzbewässerung gestaltet. Zur Klärung dieser Frage erfolgten weitere Untersuchungen.

4.3.3 Einfluss von Zusatzbewässerung auf die Ertragsleistung von Roggen und Silomais

Im nördlichen Teil der Metropolregion nimmt die Feldberegnung schon heute eine wichtige Stellung zur Ertragssicherung beregnungswürdiger Kulturen ein. Die mittleren Zusatzwassergaben liegen bei 60 mm. Nach Untersuchungen des LBEG (*Lenssen, 2010*) und der LWK Niedersachsen (*Mersch, 2010*) wird der Beregnungsbedarf klimabedingt um ~ 2 mm bis zum Jahr 2050 und 9-12 mm bis zum Jahr 2100 steigen. In der südlichen Metropolregion wird derzeit noch keine nennenswerte Zusatzbewässerung praktiziert, bedingt durch den Klimawandel wird aber auch hier von einem beginnenden Bedarf an Zusatzbewässerung ausgegangen.

Zu Klärung der Frage, wie sich Zusatzbewässerungsgaben auf die Ertragsleistung von Silomais und Roggen auswirken, wurden auf Basis der Standortbedingungen der Gemeinde Uetze im Ist-Zustand (1961-1990) Ertragsmodellierungen bei Bewässerungsgaben von 0, 1, 2, 3, 4, und 5 mm modelliert. Die Ergebnisse wurden für verschiedene nutzbare Feldkapazitäten berechnet und sind in der folgenden Tabelle dargestellt.

Tabelle 29: Ertragsleistung von Mais und Roggen bei unterschiedlichen Feldkapazitäten und Beregnungsgaben auf Basis der Eckdaten des Ist-Szenarios für das Leitgebiet Uetze

Kultur	**nFK**	**Beregnungsgabe***				
		Basisertrag	**1 mm**	**2 mm**	**3 mm**	**4 mm**
	[mm]	TM [t/ha]				
Silomais						
	63	12,2	14,5	15,2		
Saat:	88	12,8	15,0	15,6		
15.4.	113	13,4	15,4	15,9		
	138	13,9	15,9	16,2		
Ernte:	163	14,5	16,2	16,4		
20.8.	188	15,1	16,5	16,6		
	213	15,5	16,6			
	238	15,8				
	263	16,1				
Roggen						
	63	12,8	12,9			
Saat:	88	13,2				
11.10.	113	13,5				
	138	13,7		Grau hinterlegt: keine weitere Ertragssteigerung		
Ernte:	163	13,9				
15.6.	188	14,0				
	213					
	238					
	263					

Silomais: Für Silomais lässt sich auf Basis der modellierten Ergebnisse feststellen, dass durch Zusatzbewässerungsgaben von 1 mm in allen untersuchten nFK-Klassen eine Ertragssteigerung erreicht wird. Durch eine Gabe von 2mm wird noch bis zu einer nFK-Klasse von 188 mm eine Ertragsteigerung erzielt. Böden mit höherer nFK reagieren nicht mehr mit Ertragssteigerungen. Die Zusatzwassergabe von 1mm führt bei den leichten Standorten zu maximal 19% Ertragssteigerung (2,3 t TM/ha). Bei der nFK von 113 mm (vergleichbar dem Podsol in den vorangegangenen Beispielen) wurden 16% Ertragsanstieg berechnet. Wird die Zusatzbewässerung auf 2 mm gesteigert, so ist der dadurch erzielte weitere Ertragsanstieg mit maximal 5% deutlich geringer. Höhere Wassergaben können nicht mehr in Ertrag umgesetzt werden. Auch *SCHITTENHELM (2008)* bestätigt für Silomais die gute Umsetzung von Zusatzbewässerung in Biomasseertrag und konnte Ertragssteigerungen von 25 bis 36% bei intensiver Bewässerung erzielen.

Roggen: Im Vergleich dazu wurde eine Zusatzberegnung für Roggen modelliert. Dieser zeigt für die ganz leichten Standorte (nFK- Klasse von 63 mm) eine leichte Ertragssteigerung von 1%. Weder bei höheren Feldkapazitäten noch durch höhere Beregnungsmengen konnte eine Ertragssteigerung erzielt werden. Die Ergebnisse bestätigen die bekannte Ertragsstabilität von Roggen auf leichten Standorten und machen deutlich, dass er derzeit ohne Zusatzbewässerung durchaus einen zu Mais konkurrenzfähigen Ganzpflanzenertrag erbringen kann. Wird durch Zusatzbewässerung der limitierende Faktor Wasser aufgehoben, so kann der Mais daraus einen Ertragsvorteil von nahezu 20% generieren, nur sehr begrenzt profitiert jedoch der Roggen von einer Zusatzbewässerung. In Zukunft ist jedoch auch bei Roggen damit zu rechnen, dass das Wasser zum limitierenden Faktor wird, wie die vorangegangenen Ertragsmodellierungen im Szenario 2021-2050 gezeigt haben.

4.4 Zusammenfassende Bewertung der Anpassungsfähigkeit der untersuchten Kulturen im Klimawandel

Bei der Fruchtartenwahl muss in Zukunft auf Standorten mit schlechter Wasserversorgung auf eine hohe Widerstandsfähigkeit gegenüber Trockenphasen im Frühsommer und Sommer geachtet werden. Auf Standorten mit hoher Wasserspeicherkapazität kann der Bodenwasservorrat Trockenphasen besser ausgleichen. Solange der Faktor Wasser nicht limitierend wirkt, sind durch die steigenden Temperaturen und den CO_2-Anstieg bis in die Klimaperiode 2021-2050 auch klimatisch bedingte Ertragssteigerungen möglich. Die Stabilität einer Kultur in klimatischen Extremsituationen kann durch unterschiedliche Eigenschaften bedingt sein. Im Klimawandel generell geeignet sind Kulturen, die folgende Eigenschaften aufweisen:

Tabelle 30: Positive Kultureigenschaften im Hinblick auf den Klimawandel

Positive Kultureigenschaften im Hinblick auf den Klimawandel
▪ Hohe Wassereffizienz und die Fähigkeit Trockenphasen zu überdauern ▪ Hohe Ertragsstabilität ▪ tiefgehendes, weit verzweigtes Wurzelsystem mit gutem Nährstoffaneignungsvermögen ▪ Zunehmend auch wärmeliebende Kulturen (z.B. C_4 Pflanzen wie Sorghum) ▪ Kulturen mit geringer Anfälligkeit gegenüber Spät/ bzw. Frühfrösten ▪ Kulturen mit hohem Regenerationspotenzial ▪ Kulturen, die die Winterniederschläge gut nutzen können

Folgende Übersicht stellt mögliche Folgen für die künftige Fruchtartenwahl zusammen. Dabei wird davon ausgegangen, dass Wassermangel nicht mehr durch Bewässerungsmaßnahmen ausgeglichen werden kann. Weiter wird unterstellt, dass die sogenannten „Neuen Kulturen“ wie Sorghum auch intensiv züchterisch bearbeitet werden, da allein durch den Temperaturanstieg keine Konkurrenzfähigkeit gegenüber züchterisch bearbeiteten, etablierten Kulturen erreicht wird.

Tabelle 31: Veränderte Kulturartenwahl als Reaktion auf den Klimawandel

Zu erwartende Folgen für die Kulturartenwahl
▪ C_4- Pflanzen wie Mais und Sorghum profitieren vom Temperaturanstieg, von einem früheren Vegetationsbeginn und längeren Vegetationszeiten. ▪ Bei den Getreiden werden die Sommerungen zunehmend durch die Winterungen (z.B. Weizen, Roggen, Triticale) ersetzt. Diese profitieren von den Winterniederschlägen und gehen schon mit gutem Bestand zeitig ins Frühjahr. ▪ C_3- Sommerungen (z.B. Sommergerste) werden durch C_4 Pflanzen, z.B. Mais ersetzt. ▪ Die tiefwurzelnde Zuckerrübe bleibt ertragsstark im Anbau. ▪ Bei ausreichender Wasserversorgung werden aufgrund der längeren Vegetationszeit Zweikultur- Nutzungssysteme interessanter. In Energiefruchtfolgen können z.B. Getreideganzpflanzen vor Mais gestellt werden. ▪ Dauerkulturen mit geringen Ansprüchen an den Wasserhaushalt nehmen zu: auf ertragsschwachen Standorten Kurzumtriebsplantagen für die Energieholzbereitstellung oder Durchwachsene Silphie für die Biogas- oder BTL Erzeugung. ▪ Bisher nicht angebaute wärmeliebende Kulturen erlangen zunehmend an Bedeutung z.B. Sorghum bicolor, Sudangräser, Soja, Hartweizen, Topinambur. ▪ Sommerzwischenfrüchte und Untersaaten werden durch Winterzwischenfrüchte ersetzt, bzw. kommen auf leichten Böden gar nicht mehr zum Anbau.

Deutlich wird, dass bestimmte Kulturen weichen und andere dafür deren Platz einnehmen werden. Daher kann vereinfacht auch von „Gewinnern" und „Verlierern" des Klimawandels gesprochen werden (siehe folgende Tabelle). Die Übersicht wurde dabei auch um Kulturen ergänzt, die nicht im Rahmen der Modellierung bearbeitet wurden.

Tabelle 32: Übersicht der potenziellen Gewinner und Verlierer im Klimawandel (Einschätzung auf Basis der Ertragsmodellierung und ackerbaulicher Kenntnisse)

Potenzielle Gewinner in der Metropolregion		**Potenzielle Verlierer in der Metropolregion**
Etablierte Kulturen	Kulturen mit Entwicklungspotenzial	Etablierte Kulturen
▪ Silomais ▪ Zuckerrüben ▪ Winterweizen, Winterroggen, Triticale in der ersten Jahrhunderthälfte ▪ Sonnenblumen ▪ Winterzwischenfrüchte noch bis Mitte des Jahrhunderts	▪ Durchwachsene Silphie ▪ Wassereffiziente Kurzumtriebshölzer (Pappel, Robinie) ▪ Sojabohne ▪ Sorghum bicolor, ▪ Sudangräser (Sorghum sudanense) ▪ Topinambur ▪ Durumgetreide	▪ Sommergetreidearten ▪ Wintergerste ▪ Winterweizen, Winterroggen, Triticale ab Mitte des Jahrhunderts. Winterraps (weiterer Untersuchungsbedarf) ▪ Kartoffeln ▪ Intensive Feldgrasbestände ▪ Sommerzwischenfrüchte ▪ Untersaaten

Dabei haben derzeit die an unseren Klimaraum angepassten und züchterisch intensiv bearbeiteten Kulturen einen klaren Ertragsvorsprung. Der Klimawandel wird aber auch eine Öffnung des Anbaus für neue, bisher nicht in der Metropolregion angebaute Kulturen ermöglichen, die in Zukunft das Kulturartenspektrum erweitern können. Bei Kulturen wie Sorghum oder der Durchwachsenen Silphie setzt dies allerdings im Vorfeld züchterische Bearbeitung voraus, um ein konkurrenzfähiges Ertragsniveau zu erzielen. Ein Vorteil dieser möglichen Aufweitung des Kulturartenspektrums ist daher auch in einer besseren Risikoverteilung zu sehen, also zumindest in absehbarer Zeit nicht in einem Ersatz heute angebauter Kulturen, sondern in deren Ergänzung.

Grenzen: Der am stärksten **wachstumslimitierende Faktor** vor dem Hintergrund des Klimawandels ist das **Wasser**. Ohne eine ausreichende Wasserversorgung, ob aus dem Bodenspeicher, den Niederschlägen oder durch Bewässerung werden auch die als Gewinner des Klimawandels bezeichneten Kulturen mit Mindererträgen reagieren. Andererseits kann davon ausgegangen werden, dass auf gut wasserspeichernden Standorten, bzw. bei Bewässerungsmöglichkeiten auf den leichten Standorten die als „potenzielle Verlierer" bezeichneten Kulturen im Mittel der Jahre auch weiterhin gute Erträge erzielen. Das Risiko von Ertragsausfällen in Extremjahren (Dürre, Starkregen) wird jedoch in Zukunft steigen. Auch die Gewinner des sich langsam wandelnden Klimas werden unter Extrembedingungen mit Mindererträgen reagieren.

Gegen die **Frühjahrstrockenheit** muss für empfindliche Kulturen, z. B. solchen mit kleinem Saatkorn und Dauerkulturen im ersten Anpflanzjahr künftig verstärkt mit Bewässerungskapazitäten die Phase der Bestandesetablierung abgesichert werden.

Bei zunehmender Sommertrockenheit sind Probleme beim Zwischenfruchtanbau und bei den Untersaaten zu erwarten, die derzeit einen wesentlichen Beitrag zur Sicherung der Humusbilanz leisten. Hier kann z. B. durch den Ersatz von Sommer- durch Winterzwischenfrüchten, durch den verstärkten Leguminosenanbau in Hauptfruchtstellung sowie bei Körnernutzung durch den Verbleib des Strohanteils auf der Fläche und beim Biomasseanbau durch eine größere Stoppelhöhe gegengesteuert werden.

5 FRUCHTFOLGEGESTALTUNG UNTER BERÜCKSICHTIGUNG DES KLIMAWANDELS

Weiteres Ziel dieses Forschungsvorhabens ist die Entwicklung von Fruchtfolgekonzepten unter Berücksichtigung des Klimawandels. Dabei wird von den aktuellen Anbaubedingungen und geläufigen Fruchtfolgemustern ausgegangen. Darauf aufbauend wird geprüft, wie sich die Fruchtfolgen im Klimawandel behaupten können, wo mögliche Stärken oder Schwächen zu erwarten sind und welche Fruchtfolgeanpassungen für die Szenarienzeiträume A1B 21/50 und A1B 71/100 erforderlich werden. Ein Schwerpunkt wird bei der Gestaltung von Energiepflanzenfruchtfolgen gesetzt. Da diese aber in der Praxis meist in Kombination mit Markt- und Futterfrüchten angebaut werden, sind auch Mischfruchtfolgen einbezogen worden. Bei der Fruchtfolgegestaltung wurden neben den allgemeinen Fruchtfolgegrundsätzen zur guten fachlichen Praxis die Ertragsleistung, die Humusbilanz und der Wasserbedarf berücksichtigt.

5.1.1 Grundlagen und Kulturenbeschreibung

Grundlagen: Ackerflächen sind in einem „guten landwirtschaftlichen und ökologischen Zustand zu erhalten". Diese Forderung ist nicht nur aus ökologischer Sicht zu stellen, sondern stellt die Grundlage für die Beantragung von EU-Direktzahlungen dar (*VO (EG) Nr. 1782/2003*). Der Erhalt des guten ökologischen Zustandes beinhaltet u.a. den Schutz des Bodens vor Erosion und den Erhalt des Humusgehaltes. Um den Anforderungen des Bodenschutzes gerecht zu werden, müssen mindestens 40% der Ackerflächen eines Betriebes in der Zeit vom 1.12. bis 15.2. mit Pflanzen bedeckt sein. Weiter muss der Betriebsinhaber die Erhaltung der organischen Substanz im Boden und der Bodenstruktur gewährleisten. Diese Bodenschutzziele sollen durch ein Anbauverhältnis mit mindestens drei Ackerkulturen in der **Fruchtfolge** erreicht werden, wobei jede Kultur mindestens 15% der Ackerfläche umfassen muss. Kann ein Betrieb aus produktionstechnischen Gründen hingegen die dreigliedrige Fruchtfolge nicht vorweisen, muss entweder jährlich eine **Humusbilanz** erstellt oder der Bodenhumusgehalt mit Hilfe von Bodenproben untersucht werden (*VO (EG) Nr. 796/2004*). Weiter müssen Fruchtfolgegrundsätze eingehalten werden, die die Pflanzengesundheit sichern (z. B. Rotationsabstände bestimmter Kulturen zueinander). Auf Basis der derzeitig geltenden Cross Compliance Vorgaben und wichtiger Fruchtfolgeprinzipien

(KARPENSTEIN-MACHAN et al., 2013) im Hinblick auf phytosanitäre Wirkungen wurden die Fruchtfolgen konzipiert.

In der **südlichen Metropolregion** werden derzeit bevorzugt dreigliedrige Fruchtfolgen mit den Kulturgliedern Zuckerrüben-Winterweizen-Wintergerste (ZR-WW-WG) oder Winterraps-Winterweizen-Wintergerste (RA-WW-WG) angebaut, während in der **nördlichen Metropolregion** vielfältigere Fruchtfolgen zum Einsatz kommen und Mais, Kartoffeln sowie Sommergetreide eine besondere Bedeutung haben. Als Energiepflanze für die Biogaserzeugung dominiert der Silomais und für die Biodieselerzeugung der Rapsanbau.

Die Einhaltung der genannten Fruchtfolgegrundsätze wird in Zukunft von zunehmender Bedeutung sein, denn Böden in gutem Aggregatzustand sind eher in der Lage, Klimaschwankungen auszugleichen und Schädlinge sowie Krankheiten abzuwehren als Böden mit schlechtem Aggregatzustand sowie schlechter Nährstoff- und Humusversorgung.

Geeignete Kulturen: Generell können durch den zunehmenden **Energiepflanzenanbau** positive Effekte für die Fruchtfolgen erwartet werden, wenn dadurch eine breitere **Kulturartenpalette** zum Anbau kommt. Da die meisten herkömmlichen Marktfrüchte auch energetisch genutzt werden können, entsteht durch die energetische Verwertungslinie für die Betriebe ein weiteres Einkommensstandbein. Die Ernte von Getreide als Ganzpflanzen zur Silagenutzung (GPS) ist zudem mit einer Vorverlegung des Erntetermins verbunden und die Ganzpflanzennutzung weist i.d.R. eine höhere **Ertragsstabilität** und geringere Krankheitsanfälligkeit auf als die Körnernutzung (*VON BUTTLAR 1996; KARPENSTEIN-MACHAN, 1997, 2005)*. Verfügt ein Betrieb über mehrere Verwertungsoptionen, hat er auch die Möglichkeit, auf klimatische Einflüsse innerhalb bestimmter Grenzen noch kurzfristig zu reagieren, z.B. bei zu erwartenden schlechten Getreidekornqualitäten die energetische Verwertung vorzuziehen.

Silomais wird als Biogassubstrat weiterhin eine wichtige Bedeutung behalten, da er auch unter veränderten Klimabedingungen gute Anpassungsfähigkeiten besitzt. Aufgrund der heute zumindest regional schon hohen Flächenanteile in der Metropolregion und dem daraus resultierenden steigenden Krankheitsdruck ist es wichtig, weitere Kulturarten als Ergänzung zum Mais zum Anbau zu bringen.

Die **Zuckerrübe** reagiert im Klimawandel stabil, bzw. mit Ertragssteigerungen (Extremereignisse ausgeschlossen). Dies begründet sich im tiefen Wurzelwerk und dem Potenzial, die verlängerte Vegetationszeit noch in Ertrag umsetzen zu können. Die energetische Nutzung von Rüben, die schon heute das Interesse der Biogaserzeuger weckt, wird im Hinblick auf den Klimawandel ihre Bedeutung noch steigern, sie kann in Ergänzung zum Mais verstärkt als Biogassubstrat oder für die Treibstoffherstellung angebaut werden.

Als Ergänzung zum Silomais erlangen auch die **Sorghumarten** künftig eine größere Bedeutung und können diesen in der Fruchtfolge ersetzen oder ergänzen. Unter dem Aspekt des Humuserhaltes sind jedoch gegenüber dem Mais keine Vorteile zu erwarten. Sorghum braucht eine Keimtemperatur von 12 °C und eignet sich daher als Zweitfrucht nach einer Winterzwischenfrucht (z.B. Grünroggen) oder einer Erstkultur wie Getreide-GPS.

Kann die Wasserversorgung gewährleistet werden, so kann die längere Vegetationszeit künftig durch den **Zweitkulturanbau** genutzt werden. In der **Zweikulturnutzung** folgt auf den Anbau einer Hauptfruchtwinterung mit vorgezogener Ernte zur Milch/ bis Teigreife im gleichen Jahr noch der Anbau einer zweiten Hauptfruchtsommerung, die dann am Ende der Vegetationszeit ebenfalls das Vegetationsstadium der Milch- bis Teigreife erlangt. Die Kulturen werden jeweils als GPS geerntet und können energetisch z.B. als Biogassubstrat genutzt werden (*STÜLPNAGEL u. VON BUTTLAR, 2008, STÜLPNAGEL, 2007*).

Der **Zwischenfruchtanbau** nach einer Hauptfrucht stellt ebenfalls einen Zweitfruchtanbau dar. Die Zwischenfrucht wird meist unter dem Aspekt der Humusmehrung angebaut. Nur bei ausreichend Wasser und ausgeglichener Humusbilanz kann auch die Nutzung der Zwischenfrucht als Futter- oder Energiepflanze in Erwägung gezogen werden. Eine wirtschaftliche Nutzung der Zwischenfrucht setzt eine Ertragsleistung von > 5 t/ha voraus *(STÜLPNAGEL et. al. 2008).*

Untersaaten stellen derzeit eine gute Möglichkeit zum Erosionsschutz und zur Humusmehrung dar, und können so insbesondere den Maisanbau optimieren. Gräseruntersaaten können zudem als Energiesubstrat durch eine Schnittnutzung im Herbst einen zusätzlichen Ertrag bringen oder im Folgejahr als Substrat oder Futter geerntet werden. Ihr Anbau ist an eine ausreichende Wasserversorgung gebunden.

Im Energiepflanzenanbau bietet sich auch die Möglichkeit des **Mischfruchtanbaus**. Vorteile können u.a. hinsichtlich des Erhalts der Humusbilanz, einer besseren Standortanpassung, einer Minderung des Krankheitsbefalls und Vermeidung der Ausbreitung von Schädlingen erwartet werden (*VON BUTTLAR u. DIETZE 2006*). Versuche mit Winterungen als Reinsaat und in Mischungen (div. Getreidearten, Gräser, Wicken, Klee) wurden von *DIETZE und FRITZ (2008)* durchgeführt. Die Ergebnisse zeigen, dass die Ansprüche der Kulturen sehr unterschiedlich sind und die Mischungen nicht im Hochertragssegment konkurrieren können. Sie eignen sich aber als Extensivvarianten zur Auflockerung einseitiger Fruchtfolgen, zur Unterbrechung von Krankheitszyklen oder auch hinsichtlich der Bodensanierung. Unter dem Aspekt des Klimawandels kann bei Mischfruchtsystemen eine bessere Ertragsstabilität erwartet werden *(AUFHAMMER, 1999)*, möglicherweise aber nicht auf höchster Ertragsebene.

Als **weitere Anbauoption,** insbesondere zur Minderung von Erosion und Verbesserung des Bodengefüges, bietet sich der mehrjährige Futterbau in Vorgewenden und an Gewässerrändern an. Auch durch einen Streifenanbau oder eine Streifensaat können unterschiedliche Bodenbedingungen differenziert berücksichtigt werden (z.B. Erosionsschutz auf anfälligen Teilflächen). Generell wird durch den Klimawandel eine sukzessive Aufgabe statischer Fruchtfolgesysteme hin zu einer höheren Diversifizierung erwartet *(KÖPKE, 2008).*

Kritische Kulturen: Die Untersuchungsergebnisse zeigen eine recht deutliche Beeinträchtigung der **Rapserträge** im Klimawandel. Ein möglicher Erklärungsansatz ist, dass der zeitig im Frühjahr zur Blüte kommende Raps in den trockenen Frühjahren besonders leidet. Wasserstress in der besonders sensiblen Blütephase wirkt sich ertragsmindernd aus. Forschungsbedarf ist hier jedoch zur Absicherung der vorliegenden Ergebnisse noch gegeben.

Wird der Raps als Kultur zur Biodieselerzeugung aufgrund von Ertragsschwäche weniger interessant, so könnten **Sonnenblumen** eine Alternative darstellen. Sie sind ebenfalls sowohl als Öllieferant als auch als Biogassubstrat einsetzbar. Grenzen werden bei dieser Kultur durch die hohe Anfälligkeit für Blattkrankheiten (Pilzbefall) und bei starken Regenereignissen gesehen. Da das Klima in der Vegetationszeit aber tendenziell trockener wird, werden eher positive Auswirkungen auf die Pflanzengesundheit erwartet.

Auch die **Wintergerste** scheint durch die zunehmende Frühjahrstrockenheit stärker in der Ertragsleistung beeinträchtigt zu werden als andere Wintergetreidearten. Die Gerste gehört ebenfalls zu den schon zeitig im Frühjahr blühenden Kulturen und mit dem Abschluss der vegetativen Phase und dem Übergang in die generative Phase ist die Assimilat- und Massenbildung abgeschlossen. Winterroggen ist durch die spätere Blüte und den geringeren Wasserbedarf robuster. Winterroggen und ebenso die Triticale blühen später und können durch die längere Vegetationszeit Frühjahrsdefizite besser kompensieren.

Zwar wurde die **Sommergerste** im Rahmen der Modellierung nicht untersucht, aber dennoch gehören **Sommergetreidearten** zu den ersten Kulturen, die unter der zunehmenden Sommertrockenheit zu leiden haben. Darauf weisen auch die für die Metropolregion in dem Zeitraum 1961 bis 2007 ausgewerteten Ertragsdaten des statistischen Landesamtes Niedersachsen hin.

Die zunehmende Sommertrockenheit wird insbesondere auf den leichten Standorten den Anbau von **Zwischenfrüchten und Untersaaten** erschweren oder auch unmöglich machen, sofern keine Zusatzbewässerung ermöglicht werden kann.

5.1.2 Fruchtfolgebeispiele für die nördliche Metropolregion

Im Folgenden werden für verschiedene Verwertungsziele Fruchtfolgebeispiele für den Ist-Zustand sowie die zwei Zukunftszeiträume 2021- 2050 sowie 2071-2100 vorgestellt. Die angegebenen Erträge wurden für den Ist- Zustand auf Basis mittlerer Erträge nach Niedersächsischem Landesamt für Statistik (*LSKN, 2010*) für den Landkreis Celle berechnet. Teils wurde anhand des Korn: Strohverhältnisses auf Ganzpflanzenerträge geschlossen (*VON BUTTLAR, 1996*). Versuche der LWK Hannover zu Ertragsleistungen ohne Beregnung wurden ergänzend für die Ertragsangaben in der nördlichen Metropolregion hinzugenommen, da hier die LSKN- Daten nicht zwischen beregneten und unberegneten Flächen unterscheiden. Die Erträge für die Zukunftsszenarien wurden anhand der modellierten Ertragsänderungen berechnet. Die Beispiele gehen von einem Anbau ohne Bewässerung aus.

Erläuterung der farbigen Hinterlegung:								
Bioenergie		Marktfrucht		Futterbau		*Zwischenfrucht ohne Nutzung*		Dauerkultur

Typische Marktfrucht- Futterbaufruchtfolge mit Zuckerrüben und Kartoffeln:

Typische Markt- und Futterfruchtfolge mit Rüben und Kartoffeln

Jahr:	1	2	3	4
aktuell	Winterroggen-Korn	Kartoffel	Sommergerste	Zuckerrübe

Jahr:	1	2	3	4
C 2021-50	Winterroggen-GPS	Kartoffel	*Winterbraugerste*	Zuckerrübe

In der regionaltypischen Markt- und Futterbaufruchtfolge mit Kartoffeln und Zuckerrüben kann der Roggenkornanbau zugunsten einer GPS-Nutzung umgestellt werden, um eine Biomassekultur einzubinden. Bei zunehmender Sommertrockenheit kann die Sommerbraugerste durch Winterbraugerste ersetzt werden. Zwischen 2050 und 2100 wären keine weiteren Anpassungen für diese Basisfruchtfolge vorzusehen.

Gegenwärtig wäre für die Basisfruchtfolge eine Optimierung durch Integration von Zwischenfrüchten empfehlenswert. Dies kann z.B. durch Gelbsenf nach Roggen, Ölrettich nach Kartoffeln und Phacelia nach Sommerbraugerste erfolgen und würde den Humusstatus der Fruchtfolge aufwerten. Mit zunehmender Sommertrockenheit müsste auf Zwischenfrüchte mit höherer Trockenheitstoleranz und geringen Bodenansprüchen ausgewichen werden. Hier bietet sich Buchweizen an, der derzeit nur wenig angebaut wird, der aber in Zukunft aufgrund seiner Trockenheitstoleranz zunehmend für den Anbau interessant wird.

Typische Markt- Futterfruchtfolge mit Mais und Kartoffeln:

Typische Markt- und Futterfruchtfolge mit Mais und Kartoffel

Jahr:	1	2	3	4
aktuell	Mais	Mais	Winterroggen	Kartoffel

Jahr:	1	3	4	4
C 2071-100	Mais	Winterroggen	Kartoffel	

Als weitere regionaltypische Fruchtfolge in der nördlichen Metropolregion werden Mais und Kartoffeln mit Roggen kombiniert. Da sowohl Mais also auch Roggen unter den prognostizierten veränderten Klimaveränderungen weniger stark mit Ertragsdepressionen reagieren und Kartoffeln aus ökonomischer Sicht Bestandteil der Fruchtfolge bleiben sollen, gehen wir davon aus, dass diese Fruchtfolge noch bis zum Zeitraum 2021-2050 Bestand haben kann. Eine ausgeglichene Humusbilanz zeigt diese

Fruchtfolge jedoch nicht, es sei denn über den Input von Wirtschaftsdüngern. Daher gehen wir davon aus, dass langfristig der Maisanteil in der Fruchtfolge reduziert werden muss.

neu: Markt- und Futterfruchtfolge mit Mais und Kartoffel sowie Untersaaten

Jahr:	1		2	3		4
aktuell	Mais mit Rotschwingeluntersaat (RS-US)	*RS-US*	Mais	Wickroggen mit Grasuntersaat (GU)	*GU*	Kartoffel

Jahr:	1	2	3	4
C 2071-100	Mais	Wickroggen	Kartoffel	

Soll die Basisfruchtfolge 2 schon jetzt hinsichtlich der Humusbilanz optimiert werden, so bietet sich die Integration von Rotschwingeluntersaaten (RS-US) und Untersaaten mit Wicken (WI-US) an. Mit zunehmender Sommertrockenheit wird jedoch der Zwischenfruchtanbau unsicherer, so dass dieser bis 2071-2100 nur noch maximal einmal in der Fruchtfolge möglich sein wird. In der Folge muss dann ebenfalls der Maisanteil reduziert werden.

Typische Biogasfruchtfolge mit Silomais und Roggen-Ganzpflanzensilage:

Basis Biogas 1: 100% Energie, Mais- Roggenfruchtfolge

Jahr:	1	2	3	4
aktuell	Mais	Mais	Winterroggen-GPS	Mais

neu Biogasfruchtfolge 1: 100%, humusstark,

Jahr:	1		2	3		
aktuell	Mais mit Weidelgras-Untersaat (US)	US	Mais	Winterroggen-GPS mit Gras-Untersaat (US)	US	Luzernegras

Jahr:	1	2	3	
C 2071-100		Mais	*Wintertriticale-Korn (Biogas) Strohdüngung*	Mais

Die regionaltypische reine Biogasfruchtfolge besteht aus zwei Jahren Mais gefolgt von einem Jahr Roggen-GPS. Für diese Fruchtfolge wäre aktuell die Integration von Weidelgrasuntersaaten im Mais sinnvoll, um den Erosionsschutz und die Humusbilanz zu verbessern (*KARPENSTEIN-MACHAN u. WEBER 2010*). Eine weitere Auflockerung dieser Fruchtfolge kann durch den Einbau von Luzernegras im vierten Jahr erfolgen. Im Hinblick auf den Klimawandel wird die Wasserknappheit Umstellungen dieser optimierten Fruchtfolge erforderlich machen. Muss auf die Zwischenfrüchte und das wasserzehrende Luzernegras verzichtet werden, so bietet sich der Ersatz durch ein weiteres Getreide, z.B. Triticale an. Die beiden Getreidekulturen sollten dann allerdings nicht mehr als GPS geerntet werden, sondern als Körnerernte zur Ethanolerzeugung mit Verbleib des Strohs zur Humusmehrung auf der Fläche.

Typische Marktfrucht- Biogas- Mischfruchtfolge mit Kartoffeln:

Basis Markt- und Biogasfruchtfolge 2: 66% Bioenergie, mit Mais, Roggen und Kartoffel (humusschwach)

Jahr:	1		2		3	4
aktuell	Grünroggen	Mais	Grünroggen	Mais	Kartoffel	

Jahr:	1		2	3	4
C 2021-50	*Winterroggen-GPS*	Grünroggen	Mais oder Sorghum	Kartoffel	

Jahr:	1	2	3	4
C 2071-100	Wintertriticale Korn (Biogas) Strohdüngung	Sudangras	Kartoffel	

Auch die dreigliedrige Mischfruchtfolge mit Silomais und Grünroggen als Biogassubstrat sowie Kartoffeln als Marktfrucht ist regionaltypisch. Hier besteht die Gefahr, dass bei zunehmender Sommertrockenheit das Wasserangebot für Grünroggen und Mais im Zweikulturanbau zu gering ist, um den Anbau ökonomisch zu rechtfertigen. In dem Fall müsste in Zukunft in Trockenjahren auf den Grünroggen als Biogassubstrat verzichtet und dieser durch einen GPS-Roggen als Hauptkultur ersetzt werden. Daran könnte sich ein Grünroggenanbau im Herbst und ein Mais- oder Sorghumanbau im folgenden Frühjahr anschließen. Verschärft sich die Situation bis 2071/2100 weiter, so kann der Mais, Züchtungsfortschritt vorausgesetzt, durch Sorghum ersetzt werden. Zwischenfrüchte fallen dann völlig weg. In diesem Fall muss zum Erhalt der Humusbilanz von Roggen-GPS auf Körnernutzung mit Verbleib des Strohs auf der Fläche gewechselt werden. Roggen- bzw. Triticale-Korn kann als Biogas- oder Ethanolgetreide genutzt werden, Kartoffeln wahlweise ebenfalls.

Biogasfruchtfolge mit hoher Biodiversität:

100% Biogas Biodiversitätsfruchtfolge ohne Mais

Jahr:	1		2		3	4
aktuell	Wickroggen-GPS mit Weidelgrasuntersaat (WG-US)	WG-US	Sonnen-blumen-GPS	Wintertriticale-GPS		

Jahr:	1		2		3	4
C 2021-50	Wickroggen-GPS mit Weidelgrasuntersaat (WG-US)	US	Sonnen-blumen-GPS	Wintertriticale-GPS	Sudan-gras	

80% Biogas Biodiversitätsfruchtfolge ohne Mais

Jahr:	1		2		3	4	
C 2071-100		*Grünbrache*	Sonnen-blumen-GPS	*Wintertriticale-Korn, Strohdüngung*		Sudangras	

Da maisdominierter Energiepflanzenbau die Biodiversität von Fauna und Flora beeinträchtigt, werden alternative, artenreiche Fruchtfolgekonzepte ohne Silomais für die Biogasnutzung vorgeschlagen. Hier bietet sich aktuell für leichte Standorte der Anbau von Wickroggen, Weidelgras, Sonnenblumen und Triticale mit Gräseruntersaat an. Die Winterungen können vom Winterniederschlag profitieren. Für Sonnenblumen besteht zwar in Trockenjahren ein erhöhtes Anbaurisiko, allerdings kann von einem verminderten Krankheitsdruck ausgegangen werden. Gegebenenfalls kann die verlängerte Vegetationszeit durch einen ergänzenden Anbau von Sudangras in Zweitfruchtstellung genutzt werden. Werden ab 2071 die Trockenphasen länger, so könnte die Erweiterung der Fruchtfolge mit Sudangras oder Sorghum b. als viertes Fruchtfolgeglied in Hauptfruchtstellung die Risikostreuung erhöhen. Die nach der Ernte der Hauptfrucht weiterwachsenden und beerntbaren Untersaaten würden wegfallen und könnten durch Grünbrachen ersetzt werden. Zum Erhalt der Humusbilanz müsste Triticale-GPS durch Triticale zur Kornnutzung für die Ethanol- oder Futterbereitstellung, mit Verbleib des Strohs auf der Fläche, angebaut werden.

Biodiesel/Rapsöl und Marktfrucht Mischfruchtfolge mit Raps und Kartoffeln:

Kraftstoff-/Biogasfruchtfolge-Mischfruchtfolge 1

Jahr:	1	2	3	4
aktuell	Winterraps für Biodiesel	Winterroggen-GPS für Biogas Ackergras	Mais für Biogas	Frühkartoffel

Jahr:	1	2	3	4
C 2071-100	Winterroggen-GPS		*Sonnen-blume-Korn (Biodiesel)*	Früh-kartoffel

Im Rahmen der Untersuchungen von FE2 (Teilprojekt HAWK) wurde neben Biogas auch eine Vorzüglichkeit der nördlichen Metropolregion für den Anbau von Energiepflanzen zur Treibstofferzeugung konstatiert. In dieser Mischfruchtfolge werden Raps für die Biodiesel bzw. Rapsölerzeugung mit Roggen- GPS und Mais für die Biogaserzeugung mit Kartoffeln als Marktfrucht kombiniert. Zur Minderung der Nitrataustragsgefährdung nach Raps bieten sich eine reduzierte Bodenbearbeitung und das Stehenlassen von Auflaufraps bis zur nächsten Aussaat an. Werden in Zukunft die Rapserträge unsicherer, so bietet sich eine Risikoverteilung durch die Hinzunahme von Sonnenblumen zur Körnernutzung an, deren Anbauregionen sich bis dahin weiter in den Norden verlagern werden. Ebenso kann Roggen auch als Korngetreide für die Ethanolerzeugung angebaut werden. Der Strohanteil verbleibt zur Humusbildung auf der Fläche.

Biodiesel/Rapsöl und Marktfrucht Mischfruchtfolge mit Sorghum:

Kraftstoff-/Biogasfruchtfolge-Mischfruchtfolge 2

Jahr:	1	2	3	4
aktuell	Winterraps für Biodiesel	Wintergerste-GPS für Biogas Sudangras	Frühkartoffel	Winterroggen-Korn für Ethanol

Jahr:	1	2	3	4
C 2071-100	*Sonnenblumen-Korn für Biodiesel*	Durumweizen	Frühkartoffel	Soja

Eine weitere Alternative bietet gegenwärtig die Kombination von Raps für Biodiesel mit Wintergersten-GPS als Biogassubstrat. Nach dem früh räumenden Gersten- GPS kann dann auf etwas besseren Böden Anfang bis Mitte Juni noch Sorghum als Zweitkultur für die Biogasnutzung gesät werden. Im Folgejahr ergänzt die Kartoffel als regionale Kultur, gefolgt von Winterroggen-Korn zur Ethanolnutzung, die viergliedrige

Fruchtfolge. Diese Fruchtfolge erscheint auch im Klimawandel als recht robust. Ab spätestens der zweiten Jahrhunderthälfte wird jedoch die Substitution von Raps durch Sonnenblumen für die Biodieselnutzung interessant, die in Norddeutschland gegenwärtig kaum Bedeutung hat, in den südlichen EU-Staaten dagegen schon heute bevorzugt angebaut wird. Weiter hat die Modellierung vergleichsweise starke Ertragsrückgänge von Wintergerste im Klimawandel ergeben, so dass auch hier davon auszugehen ist, dass diese Kultur substituiert werden muss. In Zukunft zunehmend von Interesse ist Durum (Triticum aestivum, ssp. durum) aus dem Weizenstammbaum, der ebenfalls an warm- trockene Klimate angepasst ist und z. Zt. vornehmlich in Südeuropa als sogenannter Nudelweizen oder Hartweizen angebaut wird. Um den Treibstoffanteil in der Fruchtfolge zu halten, können Kartoffeln wahlweise als Speise- oder Ethanolkartoffeln angebaut werden. Auch der Sojaanbau zur Eiweiß- oder Ethanolerzeugung wird zunehmend anbauwürdiger und könnte in diesem Beispiel den Roggen ersetzen.

<u>Mischfruchtfolge mit BTL Nutzung des Koppelproduktes Stroh:</u>

Kraftstofffruchtfolge (z. B. BTL) auf Strohbasis

Jahr:	1	2		3	4
aktuell	Winterroggen und Strohabfuhr	Wintergerste und Strohabfuhr	*Weidelgras-Zwischenfrucht*	Sommerhafer-Korn für Futter	Winterraps für Biodiesel

Jahr:	1	2	3	4
C 2021-50	Winterroggen und Strohabfuhr	Wintergerste und Strohabfuhr	Sommerhafer-Korn für Futter	Winterraps für Biodiesel

Jahr:	1	2	3	4
C 2071-100	Winterroggen und Strohabfuhr	Wintergerste und Strohabfuhr	Durumweizen	Winterraps für Biodiesel

Wird die BTL-Erzeugung in Zukunft ein wirtschaftlich interessantes und regionales Standbein, so bietet sich die Nutzung des Koppelproduktes Stroh als BTL-Substrat an. Dies kann z. B. durch die Roggen- und Gerstenstrohwerbung erfolgen. Daran könnte sich dann Weidelgras als Zwischenfrucht zur Humusmehrung anschließen, gefolgt von Sommerhafer zur Futternutzung und der Blattfrucht Raps zur Auflockerung der Fruchtfolge und Biodieselerzeugung. Mit zunehmender Sommertrockenheit wird der Zwischenfruchtanbau wegfallen, so dass ein Winterhafer den Sommerhafer ersetzen könnte. Bis 2100 werden weitere Anbaueinschränkungen für den Raps erwartet, so dass sich hier alternativ der Sojaanbau zur Ethanolerzeugung anbietet. Alternativ zum Winterhafer kann wiederum der Hartweizenanbau (Durum) in Erwägung gezogen werden.

Dauerkulturen für die thermische Nutzung:

Dauerkultur für Festbrennstoff/ Holzgas (Nutzungsdauer > 20 Jahre)

Jahr:	1	2	3	4
aktuell	KUP: Pappel			

Jahr:	1	2	3	4
C 2021-50	KUP: Pappel od. Robinie			

Jahr:	1	2	3	4
C 2071-100	KUP: Robinie			

Zunehmend werden Äcker mit Dauerkulturen zur Erzeugung von Festbrennstoffen zur Verbrennung bestellt. Derzeit werden in der Metropolregion überwiegend Pappeln angebaut. Mit zunehmender Sommertrockenheit wird eine Sicherung der Wasserversorgung im Pflanzjahr zur Bestandesetablierung wichtiger. Über die Artenwahl kann ebenfalls eine Anpassung an trockenere Standortbedingungen erfolgen. So werden derzeit im Bundesland Brandenburg gute Erfahrungen mit der Robinie gemacht. Diese könnte zunehmend auch auf den leichten Standorten der nördlichen Metropolregion von Interesse sein. Durch Züchtungsfortschritte werden hier in Zukunft noch Verbesserungen beim Ertragspotenzial sowie bei der Ertragsstabilität erwartet.

Dauerkultur für Festbrennstoff/ Holzgas/BTL (15 - 20 Jahre Nutzungsdauer)

Jahr:	1	2	3	4
aktuell	Hybrid Miscanthus giganteus			

Als weitere Dauerkultur zur Verbrennung scheint auch der Anbau von Miscanthus eine Perspektive darzustellen. Auch hier sind durch züchterische Weiterentwicklungen noch Ertragssteigerungen zu erwarten.

Dauerkulturen für die Biogasnutzung:

Dauerkultur für Biogas (ca. 10 - 15 Jahre Nutzungsdauer)

Jahr:	1	2	3	4
aktuell	Durchwachsende Silphie			

Als neue Dauerkultur, die derzeit in der Erprobung ist, bietet die Durchwachsende Silphie als Biogassubstrat in Zukunft interessante Perspektiven. Es werden eine hohe Trockenheitstoleranz und ein niedriger Stickstoffdüngebedarf erwartet. Im Anpflanzjahr ist, wie bei allen Dauerkulturen deren Bestandesetablierung mit hohen Kosten verbunden ist, eine Absicherung des Anwachsens auch durch Zusatzbewässerung wichtig. In den folgenden 10 – 15 Standjahren wird der Kultur aufgrund des dauerhaften, tiefen Wurzelwerkes ein ausreichendes eigenes Wasseraneigungsvermögen zugeschrieben (*TLL, 2008*).

Als weitere, hier nicht dargestellte Dauerkulturen zur Biogaserzeugung kommen dem Feldgras sowie dem Luzernegras Bedeutung zu. Da Feldgras jedoch einen hohen Wasserbedarf hat, wird dessen Anbau in Trockenregionen rückläufig sein. Grenzstandorte werden ggf. als Dauergrünland genutzt deren Aufwuchs noch in Biogasanlagen Verwertung finden kann.

<u>Vertiefendes Beispiel Biogas- Fruchtfolge nördliche Metropolregion:</u>

Am Beispiel einer humusstarken Biogasfruchtfolge wird exemplarisch die Änderung der Ertragsleistung, der Humusbilanz und des Wasserbedarfs in den drei Szenarienzeiträumen dargestellt.

<u>Aktuell:</u>

Die viergliedrige aktuelle Fruchtfolge umfasst 2 Jahre Maisanbau mit Weidelgrasuntersaaten ohne Nutzung gefolgt von Roggen-GPS und Luzernegras. In der vierjährigen Rotation werden insgesamt 414 dt TM/ha (im Mittel 103 dt/ha pro Jahr) an Silage geerntet. Die Humusbilanz ist bei Gärrestrückfuhr auf die Anbauflächen in die Humusklasse D = hoch einzuordnen. Der mittlere Wasserbedarf beträgt 471 mm/ha und kann durch den mittleren Jahresniederschlag am Standort Uetze gerade gedeckt werden.

Tabelle 33: Beispiel nördliche Metropolregion: Biogasfruchtfolge humusstark, Ist-Zustand (1999-2007)

Szenario Ist Zustand (Basis Erträge 1999- 2007*[1]					
Jahr:	**Fruchtfolge:**	Nutzung	Ertrag [dt/ha]	Humus C [kg/ha]	Wasserbedarf [mm/ha]
1		Gärrest		261	
	Mais	Biogas	110	-560	385
	Weidelgr.US			200	210
2		Gärrest		261	
	Mais	Biogas	110	-560	385
	Weidelgr.US			200	210
3	WiRoggenGPS	Biogas	84	-280	252
		Gärrest		200	
4		3 Schnitte			
	Luzernegras	Biogas	110	600	440
		Gärrest		261	
Fruchtfolgebewertung		Summe Korn:	0	Saldo	Mittel/Jahr
		Summe GPS:	414	**146**	**471**
		Humusklasse:		D = hoch	

*[1] Ertragsmittel 1999-2007 LSKN u. LWK Versuche

Szenario A1B 2021-2050:

Die Fruchtfolge bleibt bestehen, aber auf die Untersaaten wird verzichtet, da der Wasserbedarf nicht mehr gedeckt werden kann. Die Ertragsleistung von Mais geht geringfügig um 4dt TM /ha (Modellierung) und der Luzernegrasertrag um 30 dt TM/ha (auf Basis Wasserbedarf geschätzt) zurück. Die Ertragsleistung der Fruchtfolge sinkt damit von 414 auf 379 dt TM/ha. Die Humusbilanz kann in Klasse C=optimal gehalten werden. Der mittlere Wasserbedarf sinkt von 471 auf 331 mm.

Tabelle 34: Beispiel nördliche Metropolregion: Biogasfruchtfolge Szenario A1B 2021-2050

Szenario 2021-2050 ohne Untersaaten					
Jahr:	**Fruchtfolge:**	Nutzung	Ertrag [dt/ha]	Humus C [kg/ha]	Wasserbedarf [mm/ha]
1	Mais	Biogas Gärrest	106	-560 253	372
2	Mais	Biogas Gärrest	106	-560 253	372
3	WiRoggenGPS	Biogas Gärrest	86	-280 204	257
4	Luzernegras	2 Schnitte Biogas Gärrest	80	600 190	320
Fruchtfolgebewertung		Summe Korn: Summe GPS:	0 378	Saldo **25**	Mittel/Jahr **330**
		Humusklasse:		C = optimal	

Szenario A1B 2071-2100:

Mit weiter zunehmender Frühsommertrockenheit muss auf den Luzernegrasanbau verzichtet werden. Als Ersatz wird Sorghum als viertes Fruchtfolgeglied aufgenommen. Um die Humusbilanz wieder ins Gleichgewicht zu bringen, wird als weitere Anpassung das Getreide wieder als Korn, jetzt für die Ethanolerzeugung, genutzt und das Stroh verbleibt auf dem Feld. Die Fruchtfolge hat nur noch 283 mm an Wasserbedarf und ist damit an die klimatischen Änderungen angepasst. Es werden im Mittel 76 dt/ha Korn und 189 dt TM/ha GPS geerntet. Die Humusbilanz kann trotz der gewählten Anpassungsmaßnahmen nicht gehalten werden und fällt in die Humusklasse A=sehr niedrig ab. Ein Ausgleich könnte hier durch die Zufuhr organischer Dünger aus der Tierhaltung erfolgen.

Tabelle 35: Beispiel nördliche Metropolregion: Biogasfruchtfolge im Szenario A1B 2071-2100

Szenario 2071 - 2100 Wasserbedarf reduziert					
Jahr:	**Fruchtfolge:**	Nutzung	Ertrag [dt/ha]	Humus C [kg/ha]	Wasserbedarf [mm/ha]
1	Triticale Korn	Ethanol/Futter Stroh für Humus	38 34	-280 339	250
2	Mais	Biogas Gärrest	106	-560 251	370
3	Roggen Korn	Ethanol/Futter Stroh für Humus	38 35	-280 346	219
4	Sorghum	Biogas Gärrest	83	-560 198	292
Fruchtfolgebewertung		Summe Korn: Summe GPS:	76 189	Saldo -109	Mittel/Jahr **283**
		Humusklasse:		B = niedrig	

5.1.3 Fruchtfolgebeispiele für die südliche Metropolregion

Die folgenden Fruchtfolgebeispiele orientieren sich an den Anbaubedingungen im Leitgebiet Göttingen und charakterisieren die südliche Metropolregion. Hier erfolgt gegenwärtig keine Beregnung und es wird in den Szenarien ebenfalls keine Zusatzbewässerung unterstellt. Ausgangspunkt sind die aktuell in der Region dominierenden Fruchtfolgen.

Erläuterung der farbigen Hinterlegung:				
Bioenergie	Marktfrucht	Futterbau	*Zwischenfrucht ohne Nutzung*	Dauerkultur

Typische Marktfruchtfolge mit Getreide und Raps:

Typische Marktfruchtfruchtfolge mit Getreide und Raps

Jahr:	1	2	3	4
aktuell	Winterweizen	Wintergerste	Winterraps	

neu: Marktfruchtfruchtfolge Getreide und Raps

Jahr:	1	2	3		4
aktuell	Mulchsaat Winterweizen	Wintergerste	Winterraps	*Auf-lauf-raps*	

Anpassung durch reduzierte Bodenbearbeitung

Jahr:	1	2	3		4
C 2021-50	Winterweizen mit reduzierter Bodenbearbeitung	Wintertriticale mit reduzierter Bodenbearbeitung	Winterraps	*Auf-lauf-raps*	

Anpassung durch reduzierte Bodenbearbeitung und Integration von Soja

Jahr:	1	2	3		4
C 2071-100	Winterweizen mit reduzierter Bearbeitung	reduzierte Bearbeitung Wintertriticale-Korn	*Ölrettich*	Soja	

In der regionaltypischen dreigliedrigen Marktfruchtfolge werden Winterweizen, Wintergerste und Winterraps angebaut. Das für diese Fruchtfolge bestehende Optimierungspotenzial soll schon aktuell genutzt werden. Die optimierte Fruchtfolge beinhaltet erosionsmindernd und treibstoffsparend eine Mulchsaat von Weizen, den Anbau von Ölrettich als Zwischenfrucht nach Gerste und ein Nacherntemanagement von Raps zur Minderung von Nitratausträgen durch Stehenlassen des Auflaufrapses. Mit zunehmender Sommertrockenheit ist die Ertragssicherheit von Wintergerste rückläufig, so dass diese durch Triticale ersetzt wird. Die Bodenbearbeitung wird vollständig auf reduzierte Bearbeitungsverfahren umgestellt, um Wasser zu sparen. Bis zum Zeitraum 2071-2100 wird voraussichtlich auch der Raps wegen zunehmender Ertragseinbußen aus der Fruchtfolge fallen. An seine Stelle kann z. B. der Sojaanbau treten.

Typische Marktfruchtfolge mit Getreide und Zuckerrüben:

Typische Marktfruchtfruchtfolge mit Getreide und Zuckerrübe

Jahr:	1	2	3	4
aktuell	Winterweizen	Winterweizen	Zuckerrübe	

neu: Marktfruchtfruchtfolge mit Getreide und Zuckerrübe

Jahr:	1	2	3	4
aktuell	Winterweizen	Winterweizen	*Ölrettich* / Zuckerrübe in Mulchsaat	

Jahr:	1	2	3	4
C 2021-50	Winterweizen mit reduzierter Bodenbearbeitung	Winterweizen mit reduzierter Bodenbearbeitung	*Ölrettich* / Zuckerrübe	

Jahr:	1	2	3	4
C 2071-100	Winterweizen mit reduzierter Bodenbearbeitung	Wintertriticale mit reduzierter Bodenbearbeitung / *Buchweizen reduzierte Bodenbearb.*	Zuckerrübe	

Die weitere typische Marktfruchtfolge besteht in den Fruchtfolgegliedern Weizen, Weizen und Zuckerrüben. Auch hier kann aktuell durch den Anbau von Ölrettich als Zwischenfrucht sowie die Mulchsaat der Rüben optimiert werden. Auf die abnehmende Wasserverfügbarkeit im Klimawandel kann durch den Übergang zu reduzierten Bodenbearbeitungsverfahren auch für den Getreideanbau reagiert werden. Nimmt die Frühsommertrockenheit weiter zu, so kann eine Risikoverteilung durch den Anbau von Triticale anstatt Weizen in einem Anbaujahr erfolgen. Weiter kann auf Buchweizen als Zwischenfrucht mit geringem Wasserbedarf zurückgegriffen werden. Zuckerrüben zeigen sich im Klimawandel recht stabil und werden als wirtschaftliches Standbein der Fruchtfolge beibehalten.

Typische Biogasfruchtfolge Maisbetont:

Biogasfruchtfolge 1: 100% Energie, Mais- Roggenfruchtfolge

Jahr:	1	2		3	4
aktuell	Mais	Mais	Roggen-GPS		Mais

neu Biogasfruchtfolge 1: 100%, humusstark,

Jahr:	1			2	3	4
aktuell	LBG	Mais mit Untersaat (US)	*US*	Mais	Winterroggen-GPS	Landsberger Gemenge

Jahr:	1		2		3	4	
C 2021-50	*Senf*	Mulchsaat Mais	*Senf*	Mais mit Rotschwingel-Untersaat (US)	Winterroggen-GPS	Winterweizen-Korn	*Senf*

Jahr:	1			2		3	4	
C 2071-100		Mulchsaat zu Mais mit Rotschwingel-Untersaat	*Untersaat*	Mulchsaat zu Mais mit Rot-schwingel-Untersaat	*Untersaat*	Amaranth-GPS	Winterweizen-Korn	*Senf*

Als Biogasfruchtfolge kommt derzeit u.a. Mais nach Mais, aufgelockert durch Roggen-GPS im dritten Jahr zum Anbau. Auch hier wäre eine Optimierung der Fruchtfolge zum Ausgleich der Humusbilanz sinnvoll. Dies ist durch die Hinzunahme von Landsberger Gemenge (LBG) und von Gräseruntersaaten im Mais möglich. Bis zum Szenarienzeitraum 2021-2050 ist allerdings davon auszugehen, dass der Anbau von Landsberger Gemenge den Wasserhaushalt zu stark beansprucht und unrentabel wird. Weizen als Marktfrucht, gefolgt von Senf kann die Lücke schließen. Durch Mulchsaatverfahren zu Mais wird wasser- und erosionsschonend gewirtschaftet. Auch 2071-2100 ist noch ein Zwischenfruchtanbau möglich, es sollten aber weniger wasserzehrende Kulturen, wie z.B. Rotschwingeluntersaaten genutzt werden. Auch der Kulturamaranth könnte, sofern er züchterisch im Ertragsniveau gesteigert wurde, in der Fruchtfolge als Energiepflanze integriert werden.

Mischfruchtfolge Biogas und Marktfrucht:

neu Markt- und Biogasfruchtfolge 2: 50% Bioenergie, mit Mais und Triticale und 50% Marktfrucht

Jahr:	1		2		3	4	
aktuell	Winterraps-Korn	Winterweizen-Korn		*Senf, Buchweizen*	Mais	Wintertriticale-GPS	

Jahr:	1		2		3	4	
C 2021-50	Winterraps-Korn	*Auf-lauf-raps*	Winterweizen-Korn	*Senf/Buch-weizen*	Mulchsaat Mais	Wintertriticale-GPS	

Jahr:	1		2		3		4	
C 2071-100		Zuckerrübe	Winterweizen-Korn	*Buchweizen*	Mulchsaat Mais	Grünroggen	Soja	

Im Fruchtfolgebeispiel wird in der Basisfruchtfolge Körnerraps als Marktfrucht oder für die Biodiesel/Rapsölerzeugung mit Brotweizen sowie Mais und Triticale für die Biogaserzeugung kombiniert. Mit zunehmender Sommertrockenheit wird das Mulchsaatverfahren eingesetzt, Auflaufraps verbleibt zu Reduktion der N-Auswaschung auf dem Feld und Buchweizen, ggf. im Gemenge mit Senf, sichert eine Bestandesetablierung der Zwischenfrucht auch bei wenig Niederschlag ab. Bis zum Szenarienzeitraum 2071/2100 nimmt der Rapsertrag weiter ab, so dass hier der Anbau von Zuckerrüben, die vom Klimawandel profitieren, seine Stellung einnimmt. Auch Soja kann zum Anbau kommen und eine Getreideart ersetzen.

Kraftstoff-Fruchtfolge:

Kraftstofffruchtfolge (Biodiesel, Ethanol, Strohnutzung für BTL)

Jahr:	1	2	3		4
aktuell	Winterweizen-Korn und Strohabfuhr	Wintertriticale-Korn und 50 % Strohabfuhr	Winterraps-Korn für Biodiesel		

Jahr:	1	2		3		4	
C 2071-100	Winterweizen-Korn und Strohabfuhr	Wintertriticale-Korn und 50 % Strohabfuhr	*Phacelia*	Sonnen-blumen-Korn		Soja-Korn	

Diese Fruchtfolge legt den Schwerpunkt auf die Biomasseerzeugung für die Treibstoffproduktion. Für die Ethanolproduktion werden Weizen und Triticale zur Körnernutzung angebaut. Für die Biodieselerzeugung wird das Rapskorn genutzt. Das Stroh kann teilweise exportiert und für die BTL- Erzeugung verwendet werden. Mit zunehmender Sommertrockenheit nehmen die Rapserträge (keine züchterische Anpassung unterstellt) ab, so dass sich hier der Ersatz durch die Sonnenblumen anbietet, deren Körner ebenfalls für die Biodieselerzeugung zum Einsatz kommen können. Die lange bewuchsfreie Phase zwischen Ernte der Triticale und Aussaat der Sonnenblumen im folgenden Frühjahr soll durch den Anbau einer Zwischenfrucht, z.B. Phacelia, zur Aufwertung der Humusbilanz, der Bodenstruktur und zur Minderung der Erosionsanfälligkeit und Nitratausträge genutzt werden. Durch Soja kann die Fruchtfolge ergänzt werden.

Biogas- Treibstoff- Marktfrucht- Mischfruchtfolge

Fruchtfolge mit Ethanol, Biogas und Marktfrucht

Jahr:	1		2	3		4
aktuell	Wintertriticale-Korn für Ethanol	*Ölrettich*	Zuckerrübe	Winterweizen-Korn	Weidelgras	Mais

Jahr:	1		2	3		4
C 2071-100	Durum-Korn	*Buchweizen*	Zuckerrübe	Winterweizen-Korn	Wiesen-schwingel	Mais

In dieser Fruchtfolge werden Triticale für die Ethanolerzeugung mit Zuckerüben als Marktfrucht oder ebenfalls zur Ethanolerzeugung kombiniert mit Weizen als Marktfrucht und Weidelgras sowie Mais als Biogassubstrat. Mit zunehmender Sommertrockenheit muss das Weidelgras durch den weniger wasserbedürftigen Wiesenschwingel ersetzt werden und Ölrettich durch Buchweizen. Trockenheitstoleranter Durumweizen kann z.B. die Triticale ersetzen.

Mischfruchtfolge mit BTL auf Ganzpflanzenbasis:

Fruchtfolge mit BTL auf Ganzpflanzenbasis, Biogas und Marktfrucht

Jahr:	1	2	3	4
aktuell	Winterhafer/Winter-roggen-Ganzpflanzen in Ballen	Landsberger Gemenge 3 Schnitte	Mais	Winterweizen-Korn

Jahr:	1		2		3	4
C 2021-50	Winterroggen/Winter-weizen Ganzpflanzen-Ballen	*Buchweizen*	Mulchsaat zu Mais	Grünroggen	Sudangras	Winterweizen-Korn

Soll BTL auf Ganzpflanzenbasis erzeugt werden, so bieten sich Artenmischungen z.B. von Hafer und Roggen an, die zur Gelbreife als Ballensilage geerntet werden. Landsberger Gemenge kann sowohl als BTL- als auch als Biogassubstrat genutzt werden und verbessert die Humusbilanz. Durch Mais wird eine leistungsstarke Biogaskultur integriert und der Weizen soll als Marktfrucht in der Fruchtfolge erhalten werden. Mit zunehmender Sommertrockenheit ist ein abnehmender Ertrag beim Winterhafer zu erwarten, so dass dieser durch z.B. Weizen ersetzt werden kann. Landberger Gemenge muss aufgrund des zu hohen Wasserbedarfes weichen und wird durch Mais oder Sorghum ersetzt. Zum Erhalt der Humusbilanz werden daher Buchweizen und Grünroggen als Zwischenfrucht aufgenommen.

Fruchtfolge mit Biodiversitätsschwerpunkt:

100% Biogas Biodiversitätsfruchtfolge

Jahr:	1		2	3	4
aktuell	Grün-roggen	Mais	Wintertriticale/Winterwicke-GPS	Mehrjähriges Luzerne-Gras	

Jahr:	1		2		3		4	
C 2071-100	Grün-roggen	Mais	Wintertriticale/Winterwicke mit Untersaat	Lieschgras	Amaranth	*Buchweizen*	Sudangras	

In diesem Beispiel wird die Biogasfruchtfolge hinsichtlich Humusbilanz und Biodiversität optimiert. Neben Mais und Grünroggen kommt ein Triticale/Wicken-Gemenge sowie Luzernegras zum Anbau. Mit zunehmender Sommertrockenheit sind jedoch Ertragseinbußen beim stark wasserbedürftigen Luzernegras zu erwarten, so dass dieses in einem Jahr durch Amaranth nach Lieschgras und im anderen Jahr durch Sorghum nach Buchweizenzwischenfrucht ersetzt werden kann.

Die Fruchtfolgebeispiele mit **Dauerkulturen** entsprechen den Vorschlägen für die nördliche Metropolregion. Auch hier können Kurzumtriebshölzer angebaut und z. B energetisch in einem Heiz(kraft)werk genutzt werden. Durchwachsende Silphie und Grasschnitt, u.a. vom Dauergrünland, können zusätzlich für die Biogaserzeugung verwendet werden. Die Beispiele werden an dieser Stelle nicht mehr gesondert aufgeführt.

Vertiefendes Fruchtfolgebeispiel für die südliche Metropolregion:

Für die südliche Metropolregion soll eine Biogas- Marktfrucht Mischfruchtfolge mit optimaler Humusversorgung vertiefend betrachtet werden.

Aktuell:

Für den aktuellen Anbau werden zweimal Mais und einmal Roggen-GPS angebaut. Als Marktfrüchte kommen Weizen und Raps mit Körnernutzung hinzu, wobei das Stroh nicht abgefahren wird. Die Fruchtfolge soll eine optimale Humusversorgung aufzeigen, deshalb sind Gräseruntersaaten im Roggen und Mais sowie Phacelia als Zwischenfrucht nach Raps aufgenommen worden.

Tabelle 36: Beispiel Mischfruchtfolge Marktfrucht - Bioenergie mit Angabe von Erträgen, Humusbilanz und Wasserbedarf für den Ist-Zustand (1999-2007)

Szenario Ist-Zustand (Basis Erträge 1999 - 2007*[1])					
Jahr:	**Fruchtfolge:**	Nutzung	Ertrag [dt/ha]	Humus C [kg/ha]	Wasserbedarf [mm/ha]
1	Mais	Biogas	140	-560	578
	Gärrest			392	
2	WiRoggenGPS	Biogas	120	-280	474
	Kleegras US	keine		398	
3	WWeizen Korn	Korn/Ethanol	67	-280	536
	WStroh	keine	53	533	
4	RapsKorn	Korn/Biodiesel	32	-280	444
	Rapsstroh	keine	55	548	
	Phacelia		20	120	56
5	Mais	Biogas	140	-560	578
	Gras US	keine	20	200	60
	Gärrest			392	
Fruchtfolgebewertung		Summe Korn:	99	Saldo	Mittel/Jahr
		Summe GPS:	400	**125**	**545**
		Humusklasse:		C = hoch	

*[1])Ertragsmittel 1999-2007 LSKN, LK Göttingen u. LWK Versuche

Die Silomaiserträge liegen bei 14 t TM/ha und die Weizenerträge bei 67 dt Korn/ha (LSN). Die Humusbilanz liegt im Mittel bei + 125 kg C/ha und damit in der hohen Versorgungsklasse D. Der Wasserbedarf beträgt im Mittel der Jahre 545 mm/ha und kann auf den mittleren bis guten Böden aus den Sommerniederschlägen gedeckt werden.

Szenario 2071 bis 2100 wasseroptimiert:

Da die Änderungen bis 2050 moderat verlaufen, werden gleich die Veränderungen im Szenario 2071-2100 betrachtet.

Tabelle 37: Beispiel Mischfruchtfolge Marktfrucht – Bioenergie wasseroptimiert. Mit Angabe von Erträgen, Humusbilanz und Wasserbedarf für das Szenario A1B 2071-2100

Szenario 2071 - 2100 Wasserbedarf reduziert					
Jahr:	**Fruchtfolge:**	Nutzung	Ertrag [dt/ha]	Humus C [kg/ha]	Wasserbedarf [mm/ha]
1	Mais	Biogas Gärrest	155	-560 435	518
2	WiRoggenGPS	Biogas	104	-280	447
3	WWeizen Korn WStroh	Korn/Ethanol BTL	59	-280	516
4	RapsKorn	Biogas Stroh f Humus	22 37	-280 371	377
5	Mais	Biogas Gärrest	155	-560 352	518
Fruchtfolgebewertung		Summe Korn: Summe GPS:	81 414	Saldo -160	Mittel/Jahr **475**
		Humusklasse:		B = niedrig	

Hier muss trotz der besseren Standortbedingungen in der südlichen Metropolregion mit Auswirkungen der zunehmenden Sommertrockenheit auf die Fruchtfolgegestaltung gerechnet werden. Um die Fruchtfolge hinsichtlich des Wasserbedarfs anzupassen, muss auf die Zwischenfrüchte und Untersaaten verzichtet werden. Ansonsten bleiben die Hauptfrüchte der Fruchtfolge erhalten. Der Silomais zeigt klimabedingt sogar Ertragssteigerungen von 15 dt TM /ha gegenüber heute. Der Roggenertrag ist dagegen rückläufig. In diesem Beispiel wird unterstellt, dass das Weizenstroh noch für eine BTL-Nutzung abgefahren wird. Zur Humusreproduktion verbleiben neben den Ernteresten die Gärreste und das Rapsstroh auf dem Feld. Die Humusbilanz geht gegenüber dem Ausgangsszenario deutlich mit – 161 kg C/ha ins Negative und liegt damit in der Humusklasse niedrig. Dieser Zustand sollte aus heutiger Sicht so nicht über mehrere Jahre beibehalten werden. Der Wasserbedarf kann mit im Mittel 475 mm/Jahr den Erfordernissen der Kulturen angepasst werden.

Szenario 2071 bis 2100 wasser- und humusoptimiert:

Um neben dem Wasserbedarf auch die Humusbilanz wieder auszugleichen sind weitere Umstellungen in der Fruchtfolge erforderlich. Der Humusausgleich kann geschaffen werden, wenn der Roggen nicht mehr als GPS für Biogas sondern als Korn für die Ethanol- oder Futternutzung geerntet wird und das Stroh zur Humusmehrung auf der Fläche verbleibt. Außerdem muss die Weizenstrohnutzung für die BTL- Erzeugung zugunsten des Humusbilanzausgleichs eingestellt werden. Es wird ein Rapsnachderntemanagement mit Auflaufraps und reduzierter Bodenbearbeitung vorgesehen. Über die gesamte Fruchtfolge führen diese Maßnahmen zu einer Einschränkung des Ganzpflanzenanbaus für die Nutzung als Gärsubstrat zu Gunsten der Körnernutzung. Einschnitte müssen durch den Verzicht des Strohverkaufs hingenommen werden. Die Humusbilanz liegt dafür mit + 66 kg C/ha wieder in der Klasse C=optimal versorgt. Der Wasserbedarf bleibt niedrig. Der zusätzlich für den Auflaufraps berechnete Wasserbedarf wird sich aus den Herbstniederschlägen versorgen und bleibt, gespeichert in der Biomasse, auf der Fläche erhalten.

Tabelle 38: Beispiel Mischfruchtfolge Marktfrucht - Bioenergie humus- und wasseroptimiert. Mit Angabe von Erträgen, Humusbilanz und Wasserbedarf für das Szenario A1B 2071-2100

Szenario 2071 - 2100 wasser- und humusoptimiert					
Jahr:	**Fruchtfolge:**	Nutzung	Ertrag [dt/ha]	Humus C [kg/ha]	Wasserbedarf [mm/ha]
1	Mais	Biogas	155	-560	518
		Gärrest		349	
2	WiRoggenGPS	Korn	55	-280	447
		Stroh f. Humus	49	493	
3	WWeizen Korn	Korn/Ethanol	59	-280	516
	WStroh	keine	47	474	
4	RapsKorn	Korn/Biodiesel	22	-280	377
		Stroh f Humus	37	371	
	Auflaufraps		15	180	42
5	Mais	Biogas	155	-560	518
		Gärrest		352	
Fruchtfolgebewertung		Summe Korn:	81	Saldo	Mittel/Jahr
		Summe GPS:	365	52	**484**
		Humusklasse:		C = optimal	

5.1.4 Zusammenfassende Bewertung der Fruchtfolgebeispiele

Für die aktuellen Anbaubedingungen wurden die regionaltypisch gängigen Fruchtfolgen analysiert und an den vorgegebenen Produktionszielen orientiert neue Fruchtfolgebeispiele entwickelt. Dabei wurde auf Diversifizierung, Humusbilanz und Wasserverbrauch besonders geachtet.

Auf Basis der Auswertungen können eine Reihe von Aussagen zum künftigen Anbau und den vermuteten Stärken sowie Schwächen abgeleitet werden:

Aktuell werden die Möglichkeiten eines umweltgerechten Anbaus noch nicht ausreichend genutzt, welches anhand der Basisfruchtfolgen deutlich wird. Zur **Optimierung** sollte verstärkt auf den Anbau von Zwischenfrüchten sowie von Untersaaten, insbesondere bei den Sommerungen mit weitem Reihenabstand (Mais) geachtet werden. Eine größere Kulturarten- Diversifizierung ist gerade beim Anbau von Biogaskulturen durch die sogenannten **„Neuen" Kulturen** wie Sorghum und Durchwachsende Silphie möglich, allerdings in der Regel noch mit einem geringeren Ertragsniveau verbunden. Hier ist züchterischer Fortschritt notwendig, um auch in der Ertragsleistung mit den modernen Kulturarten konkurrieren zu können.

Bis zum Ende der ersten Jahrhunderthälfte (2021-2050) fallen die Ertragsänderungen der Hauptkulturen noch moderat aus und verstärken sich dann in der zweiten Jahrhunderthälfte. Die Ausprägung von Ertragszunahmen sowie -minderungen ist regional unterschiedlich. Nachteilige Entwicklungen werden auf den leichten Böden der nördlichen Metropolregion am schnellsten offensichtlich.

Für die typischen **Biogaskulturen** wie Mais und Roggen sowie den weiteren für Biogas geeigneten Kulturen wie Zuckerrüben, Sorghum und Mais werden im Klimawandel bis zur Mitte des Jahrhunderts neutrale oder sogar positive Auswirkungen auf die Ertragsleistung erwartet. In der zweiten Jahrhunderthälfte werden die Standorteigenschaften zunehmend stärker zum Tragen kommen, was mit stärkeren Einschränkungen insbesondere auf den leichten Standorten einhergeht. Auf den besseren Böden der Metropolregion werden für die genannten Kulturen (mit Ausnahme der Sonnenblumen) aber weiterhin gute Anbaubedingungen bestehen. Das nach unseren Untersuchungen große Potenzial der Zuckerrübe im Klimawandel sollte vertiefend untersucht und abgesichert werden.

Für die **Ethanolkulturen**, also prinzipiell alle Getreidearten, werden sich die Bedingung ab spätestens der zweiten Hälfte des Jahrhunderts verschlechtern. Wird das Stroh ebenfalls abgefahren und für die BTL-Erzeugung genutzt, muss mit zunehmenden Problemen beim Erhalt der Humusbilanz gerechnet werden.

Für die **Biodieselkulturen,** gegenwärtig ist nur Raps in Norddeutschland im Anbau, kann mit zunehmendem Klimawandel der Sonnenblumenanbau in Ergänzung oder als Ersatz interessant werden.

Noch bevor Konsequenzen für den Hauptfruchtanbau gezogen werden müssen, wird die zunehmende Sommertrockenheit Konsequenzen für den als aktuell sinnvolle Optimierung empfohlenen **Zwischenfruchtanbau** und die **Untersaaten** haben. Diese sind schon heute im Norden der Metropolregion ohne Bewässerung nur mit Einschränkungen realisierbar (leichte Standorte). In der Folge muss der **Erhalt des Humusgleichgewichtes** über andere Formen erfolgen. Im Rahmen der Fruchtfolgegestaltung wurde hier der Weg der Strohdüngung vorgeschlagen. Dies setzt eine gute

Zerkleinerung und Einarbeitung des Strohs voraus. Weiter kommt der ganzjährige Anbau von Leguminosen- Grasgemengen in Frage. Bei der Körnernutzung als Markt-, Futter- oder Ethanolfrucht kann das Stroh wahlweise auf der Fläche verbleiben oder exportiert werden. Bei einer BTL-Nutzung ist das bedingt durch den Strohexport nicht möglich. Bei der Biogasnutzung kommen dagegen ca. 30% der organischen Substanz mit dem Gärrest auf die Fläche zurück, allerdings durch die Vergärung schon aufgeschlossen und mit höheren Nährstoffanteilen als Stroh (*NLWKN Aurich 2010*; *WILLMS et. al. 2007)* kann es auch bei Biogasnutzung auf leichten Standorten mit geringen Erträgen als Folge der geringeren Gärrestrückführung zu einer Senkung des Humussaldo kommen. Für bessere Standorte geht er jedoch davon aus, dass durch Gärrestrückfuhr der Humussaldo unter aktuellen Klimabedingungen stabil gehalten werden kann. Dies macht deutlich, dass **Mischfruchtfolgen** zum Erhalt der Humusbilanz flexibler sind als reine Energiepflanzenfruchtfolgen. Der Erhalt des Humusgleichgewichtes wird sich voraussichtlich zu einer zentralen Herausforderung des Klimawandels entwickeln. Die Zufuhr von tierischen organischen Düngern wurde nur in den Biogasbeispielen in Form von Gärresten berücksichtigt. Zumindest bei viehhaltenden Betrieben besteht ebenfalls die Möglichkeit, organische Dünger zum Ausgleich der Humusbilanz einzusetzen. Weiter sind in Zukunft eine bessere regionale Verteilung der organischen Dünger und die Verwendung von kommunalen Komposten aus der Biotonne überlegenswert.

Aktuelle aus einseitigen Fruchtfolgen resultierende Probleme wie die Nitratauswaschung ins Grund- und Oberflächenwasser werden sich im Klimawandel voraussichtlich verschärfen. Risiken einer **Stickstoffverlagerung** wie sie u.a. beim Einsatz von organischen Düngern im Maisanbau beobachtet werden, könnten sich im Klimawandel dann verschärfen, wenn Ertragserwartungen nicht mehr erreicht und somit Düngergaben nur teilweise von den Beständen genutzt werden. Fällt die Option des Anbaus von Untersaaten und Zwischenfrüchten weg, so muss verstärkt auf klimaangepasste und risikoaverse Düngestrategien geachtet werden. Eine weitere Möglichkeit der Optimierung liegt in einer teilflächenspezifischen Bewirtschaftung des Standortes, um Bodenunterschiede durch teilflächenspezifische Düngung, Pflanzenschutz und Bodenbearbeitung effizienter zu bewirtschaften (Precision farming).

In diesem Teil wurden Aussagen zur Ertragsentwicklung verschiedener Kulturen getroffen und Vorschläge für die Fruchtartenwahl und die Fruchtfolgegestaltung entwickelt. Neben den genannten Maßnahmen bestehen weitere Möglichkeiten, sei es in der ackerbaulichen Praxis, in der Pflanzenzüchtung, in der Landtechnik oder der Beratung, auf den Klimawandel zu reagieren und sich an dessen Folgen anzupassen. Dies soll im folgenden Teil näher betrachtet werden.

6 ACKER- UND PFLANZENBAULICHE MASSNAHMEN ZUR ANPASSUNG AN DEN KLIMAWANDEL

6.1 Grundlagen und Maßnahmenübersicht

Auch heute wirtschaften landwirtschaftliche Betriebe unter sehr unterschiedlichen klimatischen und standörtlichen Voraussetzungen. Diese regionalen Standortbedingungen prägen die betriebliche Ausrichtung generell und haben ebenfalls Einfluss auf die betrieblichen Anbaustrategien. So eignen sich die leichten Böden der nördlichen Metropolregion für den Anbau von Kartoffel und Sommerbraugerste sowie Mais für die Viehhaltung und die Ertragssicherung erfolgt üblicherweise durch Beregnungsmaßnahmen. In der südlichen Metropolregion werden auf den besseren Böden Zuckerrüben, Weizen und Gerste angebaut, der Bodenwasservorrat und die Niederschläge machen derzeit keine Beregnungsmaßnahmen erforderlich. Die Betriebe passen sich nicht nur mit den angebauten Kulturen, sondern auch mit der Sortenwahl, der Bodenbearbeitung, Düngung und dem Pflanzenschutz möglichst optimal an die Anbaubedingungen an. Diese in der Praxis geläufigen Anpassungsstrategien werden auch unter dem Aspekt des Klimawandels vorrangig zum Einsatz kommen. So kann z.B. heute schon zwischen einem breiten Spektrum an Maissorten mit unterschiedlichem Reifeverhalten sowie ertrags- bzw. stabilitätsorientierten Sorten gewählt werden. Neue Anbauoptionen, z.B. für wärmeliebende Kulturen, können in Zukunft hinzukommen. Auch hinsichtlich der Düngung und des Krankheits- sowie des Unkrautdrucks sind in Zukunft Änderungen für die Metropolregion zu erwarten. Während CO_2- und Temperaturanstieg prinzipiell eher positive Auswirkungen auf die Erträge haben, werden die rückläufigen Sommerniederschläge und zunehmende Trockenphasen die Erträge negativ beeinflussen. Regionale Unterschiede werden künftig die Ertragsleistungen stärker prägen. Die derzeit zur Verfügung stehenden ackerbaulichen Maßnahmen zur Sicherung der Ertragsleistung und künftige Entwicklungen im technischen Bereich sowie der Pflanzenzüchtung sollten zur Ertragssicherung ergriffen werden und können, Extremsituationen ausgeschlossen, klimatisch bedingte Ertragseinbußen kompensieren. Im Folgenden werden die wichtigsten Anpassungsmaßnahmen als Übersicht dargestellt und im Anschluss vertiefend erläutert. Für jede Maßnahmen wurden eine SWOT- Analyse (Stärken- Schwächenanalyse) durchgeführt.

Tab. 1: Übersicht möglicher Maßnahmen zur Ertragssicherung unter den Herausforderungen des Klimawandels – Schwerpunkt Ackerbau

Kategorie	**Acker- und pflanzenbauliche Maßnahmen zur Ertragssicherung im Klimawandel**
Fruchtfolgegestaltung	Fruchtartenwahl*
	Fruchtfolgegestaltung*
	Sortenwahl
Bestandesführung	Angepasste Saat- und Erntetermine
	Angepasstes Düngemanagement
	Integrierter Pflanzenschutz
Bodenbearbeitung	Konventionelle Bodenbearbeitung als Status quo
	Reduzierte Bodenbearbeitung
	Direktsaatverfahren
Aussaat u. Pflanzverfahren	Engsaatverfahren
	Untersaaten
	Häufeln bzw. Anbau in Dämmen
	Folienanbau
Weitere	Pflanzenzüchtung
	Ökologischer Landbau
	Nutzung von Agrarinformationsdiensten
Wasserverfügbarkeit**	Beregnungssteuerung
	Optimierung der Beregnungstechnik
	Beregnung mit Klarwasser und Oberflächenwasser
	Versickerung von Klarwasser und Oberflächenwasser
	Versickerung von Klarwasser und Oberflächenwasser
	Sicherung der Abnahmeverträge und Wasserrechte

* Ergebnisse im vorangegangenen Kapitel erläutert; ** weiterführende Informationen durch TP 3 Bewässerung

6.2 Fruchtartenwahl und Fruchtfolgegestaltung

Im Rahmen des Forschungsvorhabens wurden aktuell im Anbau befindliche Kulturen sowie Kulturen, die in Zukunft als Energiepflanzen eine höhere Anbaubedeutung erlangen könnten, hinsichtlich ihrer Ertragspotenziale und Umweltwirkungen unter verschiedenen Standort- und Klimabedingungen bewertet. Dies erfolgte anhand von Literaturrecherchen, aktuellen Züchter- und Anbauinformationen sowie durch die Modellierung der Ertragsleistung für Klimaszenarien bis zum Jahr 2100. Weiter wurden Fruchtfolgebeispiele mit unterschiedlichen Energiepflanzen- und Marktfruchtanteilen unter Berücksichtigung verschiedener energetischer Verwertungsschienen aufgestellt und im Hinblick auf ihre Ertragsstabilität und weiterer Umweltwirkungen im Klimawandel bewertet. Die bei der Kulturartenwahl, der Sortenwahl sowie der Fruchtfolgegestaltung gegebenen Spielräume bieten für die Zukunft unter dem Fokus des Klimawandels Möglichkeiten der Adaption und können gezielt genutzt werden. Die folgenden Maßnahmenbeschreibungen basieren auf diesen Untersuchungen.

6.2.1 Fruchtartenwahl

Detaillierte Ergebnisse sind den vorangegangenen Kapiteln 4.2 und 5 zu entnehmen. An dieser Stelle wird daher nur die Stärken- Schwächenanalyse dargestellt.

Maßnahme: Fruchtartenwahl	
Derzeitige Stärken und Schwächen der Maßnahme	
Stärken	Schwächen
▪ Regional und standortbezogen steuerbar ▪ Betriebsbezogen und im Jahresrhythmus steuerbar ▪ Hohe Flexibilität ▪ Risikoverteilung auf mehrere Standbeine ▪ Wärmeliebende und trockenheitstolerante Kulturen können den Anbau ergänzen	▪ Marktwirtschaftliche Grenzen ▪ Bestehende Anbausysteme müssen geändert werden ▪ Neue Kulturen erfordern züchterische Bearbeitung ▪ Bekannte Kulturen müssen nach Klimaaspekten selektiert u. weitergezüchtet werden ▪ Mindestwasserbedarf als Grundvoraussetzung für alle Kulturen
Chancen und Risiken der Maßnahme für den Energiepflanzenanbau im Klimawandel	
Chancen	Risiken
▪ Risikostreuung durch Kombination verschiedener Kulturen mit gleichem Verwendungszweck (z.B. Mais, Sorghum) ▪ Risikosteuerung durch Nutzungsalternativen für dieselbe Kultur (z.B. Mais als Futter oder Biogassubstrat, Getreide für Nahrung, Futter oder Energie ▪ Diversifizierung und Risikostreuung durch neue Kulturen ▪ Ganzpflanzenerträge sind bei Trockenheit stabiler als Kornerträge	▪ Zunehmende Klimaunsicherheiten erschweren Anbauplanung ▪ Mindererträge in Extremjahren ▪ Ziel des Maximalertrages weicht dem Ziel der Ertragssicherheit ▪ Kulturen mit deutlichen Mindererträgen weichen aus dem Anbau (pot. Verlierer)

6.2.2 Fruchtfolgegestaltung

Detaillierte Ergebnisse und Beispiele für die Leitgebiete sind den vorangegangenen Kapiteln zu entnehmen. An dieser Stelle wird daher nur die Stärken- und Schwächenanalyse dargestellt.

Maßnahme: Fruchtfolgegestaltung	
Derzeitige Stärken und Schwächen der Maßnahme	
Stärken	Schwächen
▪ Hohe Flexibilität durch jährliche Rotation ▪ Fruchtfolge stabilisiert das Agrarökosystem ▪ Standort- und nutzungsangepasste Fruchtfolgekonzepte ▪ Viele Kulturen sind kombinierbar ▪ Es gibt für das gleiche Verwertungsziel teilweise Substitutionsmöglichkeiten ▪ Diverse Fruchtfolge vermeidet Konflikte mit Boden- u. Wasserschutz, Biodiversität	▪ Fruchtfolgevorgaben sind einzuhalten ▪ Neu in die Fruchtfolge aufgenommene Kulturen haben oft nicht das erwünschte Ertragspotenzial ▪ Standortvoraussetzung begrenzen die Fruchtfolgemöglichkeiten
Chancen und Risiken der Maßnahme für den Energiepflanzenanbau im Klimawandel	
Chancen	Risiken
▪ Kombinierbarkeit von Marktfrucht- Futterbau u. Energiefruchtfolgegliedern ▪ z.T. doppelte Verwertungsrichtung möglich. Entscheidung kann noch i.d. Vegetationszeit getroffen werden. ▪ Längere Vegetationszeit ermöglicht Zweikulturnutzung f. Biomasseerzeugung. Chancen für einen Biomassenachbau nach Marktfrüchten steigen. ▪ Diversifizierung der Fruchtfolge durch Energiepflanzen u. neue Kulturarten	▪ Wasser als limitierender Faktor bei besserer Ausnutzung der längeren Vegetationszeit ▪ Humusgleichgewicht bei Export der gesamten oberirdischen Biomasse gefährdet. ▪ Erhöhten Erosionsrisiken von Reihenkulturen muss ackerbaulich entgegengewirkt werden. ▪ Wassermangel erschwert den Anbau von Untersaaten und Zwischenfrüchten ▪ Monokulturen bei einseitig verstärkter Nachfrage

6.2.3 Sortenwahl

Eignung: Eine weitere Form der Diversifizierung und damit zur Risikominderung stellt neben der Kulturarten- auch die Sortenwahl dar. Ziel ist die Reduzierung wirtschaftlicher Verluste. Bei der Züchtung neuer Sorten gelten die Methoden der konventionellen Zucht- und Feldselektion nach wie vor als unverzichtbar. Unter Feldbedingungen wird somit der Klimawandel implizit mitberücksichtigt. Klassischerweise führen die Saatgutzüchter an verschiedenen Standorten Deutschlands Leistungsprüfungen für aktuelle Neuzüchtungen durch, die bei erfolgreicher Prüfung in die Bundessortenliste eingetragen werden. Zugelassene neue Sorten werden unter Feldbedingungen im Rahmen der Landessortenversuche getestet. Auch vor dem Hintergrund des Klimawandels steht das Züchtungsziel der Ertragssicherheit sowie der guten Qualitäten im Vordergrund. **Bei zunehmenden Extremwetterbedingungen** werden aber auch verstärkt Sorten gebraucht, die besser mit Ereignissen wie z. B. Trockenstress umgehen können, sowie **Resistenzen** gegen Schadpilze und tierische Schaderreger aufweisen. Soll die längere Vegetationszeit genutzt werden, so ist auf eine **geringe Frostempfindlichkeit** zu achten. Nicht Maximalertragssorten, sondern Sorten mit hoher **Ertragsstabilität** sichern bei stärkeren Extremwetterbedingungen langfristig ein hohes Ertragsniveau. In den Empfehlungen der Landwirtschaftskammern, basierend auf den Landessortenversuchen, werden neben Angaben zur Standorteignung und zur Ertragsfähigkeit auch Angaben zu weiteren Eignungen ausgesprochen, so z.B. die Eignung für trockene/leichte Standorte, Mulchsaateignung, Frühsaateignung, Spätsaateignung, die Neigung zur Auswinterung, Wurzelentwicklung, Lagerneigung, Krankheitsanfälligkeiten und spezielle Resistenzen. Diese Angaben können die Entscheidung zur Sortenwahl unterstützen. Darüber hinaus sind jeweils die regionalen Empfehlungen zu beachten (z.B. http:*www.lwk-niedersachsen.de/).*

In künftigen Anbaustrategien wird auf Betriebsebene der Anbau verschiedener Sorten mit etwas unterschiedlichen Entwicklungsgeschwindigkeiten und Reifeterminen in Zukunft stärker von Bedeutung sein. Schon heute wird dies unter arbeitswirtschaftlichen Aspekten, z.B. mit dem Ziel einer gestaffelten Maisernte, berücksichtigt. Ein weiterer Vorteil ist in der Risikostreuung zu sehen, da z.B. gestaffelte Blühtermine auch zur Ertragssicherheit beitragen.

Grenzen: Während für die klassischen Ackerbaukulturen ein großes Spektrum züchterisch an unsere Standort- und Anbaugegebenheiten angepasster Sorten vorhanden ist, gibt es für die neueren Kulturarten, die mit dem zunehmenden Biomasseanbau auch in Niedersachsen interessant geworden sind, derzeit nur beschränkte Wahlmöglichkeiten zwischen verschiedenen Sorten. Hier ist intensive züchterische Arbeit erforderlich (siehe auch: Maßnahmen der Pflanzenzüchtung).

Mit der Sortenwahl generell kann eine bestmögliche Ausnutzung des Standortpotenzials angestrebt werden. Die Berücksichtigung der sich langsam verändernden Klimafaktoren, wie die Temperatursteigerung ist dadurch besser auszugleichen als unvorhersehbare Extremereignisse. Hier kann im Rahmen der Möglichkeiten mit der Wahl verschiedener Sorten eine Risikoverteilung vorgenommen werden. Extremsituationen kann jedoch mit der Sortenwahl nur sehr begrenzt begegnet werden.

Maßnahme: Sortenwahl	
Derzeitige Stärken und Schwächen der Maßnahme	
Stärken	Schwächen
▪ Breites Spektrum an Sorten vorhanden ▪ Neben Ertragsleistung auch Berücksichtigung von Stabilitätsfaktoren bei der Sortenwahl möglich ▪ System der Leistungsprüfung berücksichtigt klimatische Änderungen ▪ Ständige Weiterentwicklung und Anpassung an die Anbaubedingungen systemimmanent ▪ Hohe Leistung bei Hybridsorten	▪ 10 – 15 Jahre Entwicklungsdauer für neue Sorten ▪ Empfehlung: weitere Angaben zur klimarelevanten Sorteneignung könnten in Zukunft in die Beschreibungen aufgenommen werden (z.B. regional angepasste Hinweise auf trockenheitssensible Phasen)
Chancen und Risiken der Maßnahme für den Energiepflanzenanbau im Klimawandel	
Chancen	Risiken
▪ Wahl von Sorten für trockene Standorte ▪ Wahl von Sorten mit bestimmten Resistenzen ▪ Wahl von Sorten mit gutem Wurzelsystem u. geringer Lagerneigung ▪ Insb. beim Mais breites FAO-Spektrum ermöglicht flexible Anpassung an Klima u. Anbausysteme (Zweikulturnutzung) ▪ Hybridsorten auch im Klimawandel vorteilig	▪ Hochertragsbiomassesorten haben höheren Wasserbedarf/ha. Bedarf an Bewässerung steigt ▪ Klimawandel bedingt neues Krankheitsspektrum, Resistenzzüchtungen müssen angepasst werden ▪ Klimawandel bedingt neues Unkrautspektrum mit Auswirkungen auf die Konkurrenzkraft der Sorten

6.3 Bestandesführung

6.3.1 Angepasste Saat- und Erntetermine

Eignung: Bis zur Klimaperiode 2071 – 2100 wird sich im Vergleich zu heute eine deutliche Verlängerung der Vegetationsperiode eingestellt haben. Im Mittel der Metropolregion wird es ca. 2 Monate mehr Vegetationszeit > 5°C bzw. ca. 1,5 Monate mehr Vegetationszeit > 10°C geben. Dies wird durch einen früheren Vegetationsbeginn und ein späteres Vegetationsende erfolgen. Ackerbaulich müssen Aussaat- und Erntetermine an diese Änderungen angepasst werden. Generell sind längere Vegetationsbedingungen positiv für den Ackerbau zu werten. Eine natürliche Grenze für die

Ausnutzung der verlängerten Vegetationszeit ist in den gleichbleibenden Tageslängen zu sehen. Aussaattermine nach der Sommersonnenwende (21.6.) führen bei fotoperiodisch sensiblen C_3- Kulturen wie den Getreidearten zu Beständen mit stark verkürzter vegetativer Phase, die direkt in die generative Phase übergehen und somit kaum Ertragspotenzial aufbauen können.

Solange ausreichend Wasser zur Verfügung steht, kann die längere Vegetationszeit ackerbaulich genutzt werden. Eine frühere Abreife von Winterungen lässt die Möglichkeit zum Anbau einer Folgekultur steigen. Geringe Ansprüche haben Zwischenfrüchte, die zur Humusmehrung angebaut werden. Da keine Erntekosten entstehen, können auch geringe Aufwuchsleistungen akzeptiert werden. Sollen **Zweitkulturen** zur Nutzung angebaut werden, so muss ein wirtschaftlich darstellbarer Ertrag erzielbar sein. Die Bedingungen dafür werden in Zukunft tendenziell besser. Für die Zweitkultur können jedoch Probleme aus der Sommertrockenheit resultieren. Eine Bodenbearbeitung im Sommer ist gegebenenfalls mit Erosionsrisiken verbunden. Es muss bei der Sortenwahl das Risiko von Frühfrösten beachtet werden und auch hinsichtlich der späten Erntetermine muss mit Unsicherheiten wie dem Risiko mangelnder Abreife, schlechter Befahrbarkeit und Verschlämmung gerechnet werden. Die Anbausysteme sollten dahingehend künftig weiterentwickelt werden (z. B. Verbesserung der Bodentragfähigkeit durch Untersaaten).

Grenzen: Auch bei einer Vorverlegung der **Aussaat von Sommerungen** im Frühjahr ist auf die Wahl frostresistenter Sorten zu achten, denn das Risiko von Nachtfrösten steigt. Weiter muss berücksichtigt werden, dass die Vegetationsstadien früher durchlaufen werden. Nachteile können daraus resultieren, wenn die Blüte bei den frühblühenden Kulturen (z. B. Raps, Gerste) in die Frühsommertrockenheit fällt. Vorteile können dann gegeben sein, wenn wie beim Weizen, der hohe Temperaturen von > 25° zur Blüte schlecht verträgt, das Blühstadium vorverlegt wird.

6.3.2 Angepasstes Düngemanagement

Grundlagen: Um auch weiterhin Erträge zu sichern bzw. zu steigern, muss der Landwirt sein Düngemanagement an die mit dem Klimawandel einhergehenden längeren und extremeren Trockenperioden sowie an den feuchteren Wintermonaten ausrichten. Eine optimale Bestandesführung mit dem Ziel das Pflanzenwachstum zu fördern sowie stabile, bzw. höhere Erträge und verbesserte Qualitäten zu erzielen, bedingt eine ausgewogene Pflanzenernährung und somit eine optimale Düngestrategie in Form von organischer und mineralischer Düngung. Neben den Hauptnährstoffen N, P, K, Mg und S sind für die Pflanzenernährung auch Spurennährstoffe wie Mangan, Molybdän, Bor und Zink notwendig.

Düngemittel in Form von organischen und mineralischen Düngern werden in der Praxis eingesetzt, um das Nährstoffangebot für die Kulturpflanzen zu ergänzen. Als organische Dünger dienen Wirtschaftsdünger wie Stallmist, Gülle, Gärreste, Jauche und Gründüngung. Als mineralische Dünger werden Einzelnährstoff- und Mehrnährstoffdünger (Volldünger) eingesetzt.

Eine **organische Düngung** zum Erhalt bzw. Aufbau von organischer Bodensubstanz ist besonders in Fruchtfolgegliedern mit einem hohen Anteil an Humuszehrern geeignet. Um bei der Ausbringung von Wirtschaftsdüngern (Schweine-, Rindergülle, Gärreste) die Stickstoffverluste ins Grundwasser und in die Atmosphäre zu minimieren, wird der Einsatz verlustmindernder Technik künftig immer wichtiger. Aufgrund der relativ hohen Investitionskosten zur Erlangung der technischen Ausstattung, wird der überbetriebliche Maschineneinsatz an Bedeutung gewinnen. Durch die entsprechende technische Ausstattung wird es möglich sein, unmittelbar vor der Ausbringung den aktuellen N-Gehalt im Boden zu ermitteln und die Düngung in entsprechender Höhe bedarfsgerecht auszubringen. Wirtschaftsdüngereinsatz im Energiemais als Unterfußdünger erhöht die Effizienz der Phosphatdüngung.

Mineralische Dünger, die mit chemisch-technischen Verfahren (mit hohem Energieeinsatz) hergestellt werden, sind in ihrer Wirkgeschwindigkeit und Nährstofffreisetzung wesentlich höher als organische Düngemittel. Sie werden in konventionellen Betrieben als Standarddüngemittel eingesetzt. Mineralische Dünger können in Form von Granulat, Pulver oder als Flüssigdünger ausgebracht werden.

Nitratverlagerung: Neben der Ertragssicherung wird bei der Düngeplanung auch dem Aspekt einer grundwasserschonenden Düngeapplikation in Zukunft eine größere Bedeutung zukommen. So können Niederschlagsextreme zu erhöhtem oberflächlichen Düngerabtrag in Oberflächengewässer oder Auswaschungen ins Grundwasser führen. Ertragseinbrüche in Folge von Sommertrockenheiten können zu Nitratüberschüssen führen, die über Winter potenziell auswaschungsgefährdet sind. Auswertungen aus dem Teilprojekt FE4 (Grundwasserneubildung) weisen darauf hin, dass zwar die Sickerwassermengen im Vergleich zu heute in normalen Jahren zunehmen werden, in trockenen Jahren aber abnehmen. Abnehmende Sickerwassermengen führen zu höheren Sickerwasserkonzentrationen.

Eignung: Durch die geringeren Sommerniederschläge und zunehmende Trockenheit verändert sich die Düngestrategie und erfordert eine **bessere Düngemittelapplikation** vor allem in den Phasen geringer Niederschläge. Vorteile werden von **Injektionsverfahren-** bzw. platzierter Düngung, **Cultan-Verfahren, N-Blattdüngung** und **PK-Unterfußdüngung**, insbesondere in pfluglosen Ackerbausystemen erwartet. Diese Maßnahmen werden derzeit rege diskutiert und geprüft, um die Düngeapplikation zu verbessern und Stickstoffüberschüsse zu vermeiden. *(VERBAND DER LANDWIRTSCHAFTSKAMMERN, 2010)*.

Durch eine Veränderung der Vegetationszeiten werden sich auch die kulturartspezifischen **Düngezeitpunkte** verschieben. Aufgrund der kürzeren Vegetationsruhe können die Kulturpflanzen zum einen die aus der organischen Substanz mineralisierten Nährstoffe eher aufnehmen und zum anderen werden Nährstoffe früher benötigt. Um die Bodenfeuchte aus dem Winter zur optimalen N-Verteilung auszunutzen, werden zu Vegetationsbeginn höhere Stickstoffgaben verabreicht werden. Welche **Düngeform**, ob stabilisierter-, Ammonium- oder Nitrat- Stickstoff, besser geeignet ist, wird derzeit erforscht. Auch P- und K-Dünger sowie Spurennährstoffe werden künftig eher **kulturspezifisch** als über die Fruchtfolge hinweg gedüngt werden. Der Einsatz von P- und K-Düngern hat bedarfsgerecht unter Berücksichtigung der Nährstoffversorgung des Bodens zu erfolgen. Die Versorgung mit Mikronährstoffen wird zunehmend über Blattdüngung erfolgen.

Um die Düngezeitpunkte und die Düngemenge besser an den Bedarf des Bestandes anzupassen, stehen derzeit verschiedene **Instrumente** zur Verfügung. Ihre Bedeutung z.B. im Grundwasserschutz ist bekannt und die Chancen auch zur Minderung von klimawandelbedingten Nährstoffüberschüssen beizutragen, sind groß *(NITSCH et. al. 2008; von BUTTLAR et al. 2010, DWA 2010)*:

- **Bodenuntersuchungen** und **Pflanzenanalysen** sind Methoden zur Ermittlung des Düngebedarfes von landwirtschaftlichen Kulturen. Die Düngeempfehlungen erfolgen auf der Grundlage von Bodenuntersuchungen. Die Düngebedarfsermittlung sollte standortbezogen mittels N_{min}- Methode und mittels Pflanzenanalysen zur Ermittlung des Ernährungszustandes des Getreides zur Anpassung der Düngung an den tatsächlichen Düngebedarf erfolgen.

- Entsprechend der Düngeverordnung ist vor der Aufbringung von Stickstoff der Düngebedarf zu ermitteln. Durch eine **N_{min}-Untersuchung** des Schlages oder durch Übernahme von Werten mit vergleichbaren Standort- und Anbaubedingungen wird der Bodenstickstoffgehalt gewonnen. Die N-Düngebedarfsermittlung nach der N_{min}-Methode erfolgt nach dem Prinzip „Sollwert minus verfügbarer Bodenstickstoff gleich Stickstoffdüngebedarf". Entsprechend den Standortfaktoren sind Zu- und Abschläge zu berücksichtigen.
- Mit Hilfe eines **Nitratschnelltestes**, basierend auf Farbreaktion, wird die aktuelle Nitrataufnahme der Pflanzen widergespiegelt. Auch mittels **N-Sensoren**, die den Chlorophyllgehalt bestimmen, kann der aktuelle Stickstoffernährungszustand der Wintergetreidearten bestimmt werden. Die Methoden eignen sich für die Bemessung der 2. und 3. N-Gabe bei Wintergetreide.
- Um wirksam und verlustmindernd auf den Düngebedarf der Kulturpflanze einzuwirken, eignet sich **Kombination von organischen und mineralischen Düngern** sowie ein **Gabensplitting**. Vorhandener organischer Dünger ist pflanzenbedarfsorientiert einzusetzen und in der Düngeplanung anzurechnen. Geteilte Düngegaben ermöglichen bei Bedarf auch noch im Vegetationsverlauf eine Nachdüngung. Werden diese späteren Teilgaben in mineralischer Düngeform gegeben, kann das Verlustrisiko (Auswaschung, Entgasung) verringert werden.
- Zur Optimierung der Düngungskonzepte ist eine regionale, standortbezogene **Beratung zum Klimaschutz** notwendig.

Grenzen: Die **organische Düngung** zur Humusanreicherung geht, insbesondere bei schlechter Verteilung des Düngers im Bodenkörper, mit einer **Lachgasfreisetzung** einher. Auch bei wärmeren und niederschlagsreicheren Wintern wird der Anteil des freigesetzten, nicht genutzten Stickstoffs zunehmen. Hier sind pflanzenbauliche Anpassungsstrategien gefragt. Der Einsatz der emissionsarmen **Schleppschlauch-** bzw. **Schleppschuhtechnik** gehört dazu. Tiefwurzelnde Kulturen wie Luzerne, Rübsen oder Ackergras können Stickstoff relativ gut verwerten. Vor allem bei reduzierter Bodenbearbeitung oder Direktsaat bedarf die organische Düngung eines entsprechenden Managements. Zum Gelingen sind ein angepasstes **Strohmanagement** und die entsprechende Technik ausschlaggebend.

Ein optimiertes Düngemanagement wird oftmals durch arbeitswirtschaftliche **Betriebsstrukturen** behindert, z. B., wenn in viehhaltenden Betrieben Terminüberschneidungen von Grasbergung und optimalem Düngezeitpunkt auftreten.

Auch bei Flächentausch und veränderten Pachtverhältnissen muss der Bewirtschafter die aktuelle Nährstoffversorgung des Bodens kennen. Durch Grundnährstoffuntersuchungen sind pH-Wert die Grundnährstoffe im optimalen Bereich zu halten.

Eine verbesserte **Applikationstechnik** für organische und mineralische Düngung bedarf hoher Investitionskosten. Daher werden in diesem Bereich Förderprogramme benötigt, um vor allem auf heterogenen Schlägen bedarfsorientierter zu düngen. Die derzeit noch verfügbare Pralltellertechnik erschwert die Düngung bei windigem Wetter und verursacht daher Düngefehler.

Maßnahme: Angepasstes Düngemanagement	
Derzeitige Stärken und Schwächen der Maßnahme	
Stärken	Schwächen
▪ Stickstoffbedarfsermittlung (Vorschrift laut Düngeverordnung) ▪ Sollwert-Methode, in der Praxis bekanntes Verfahren ▪ Pflanzenanalysen zeigen aktuellen Versorgungszustand ▪ Bedarfsgerechte mineralische Düngung ▪ Organische Düngung fördert Humusaufbau	▪ Standort angepasste Durchführung erforderlich ▪ Nicht ausreichend vorhandene Ausbringtechnik ▪ Witterungsabhängigkeit ▪ Betriebsleiterabhängigkeit ▪ Betriebszweigabhängigkeit
Chancen und Risiken der Maßnahme für den Energiepflanzenanbau im Klimawandel	
Chancen	Risiken
▪ Flexibilität der Düngestrategien ermöglicht Anpassung an klimatische Erfordernisse ▪ Durch Düngegabenteilung Vermeidung von Überschüssen (N-Auswaschung) bei zunehmenden Klimaextremen ▪ Teilflächenspezifische Düngung (Precision Farming) ermöglicht eine exaktere Düngung ▪ Stabilisierte Dünger vermindern N- Auswaschung bei extremem Klima ▪ Verwertung von fermentierten Wirtschaftsdüngern in trockener und flüssiger Form ▪ Optimierte Applikationstechnik durch überbetriebliche Ausbringung ▪ Verbesserte zeitliche Ausbringung durch erweiterte Kulturarten mit unterschiedlichem Düngebedarfszeitpunkt	▪ Hohe Ausbringungsmengen an Gärresten ▪ Überdüngte Flächen ▪ Düngung neuer Kulturarten sind derzeit noch nicht optimiert ▪ Mineraldüngerkosten steigen in Zukunft u.a. aufgrund von Verknappung (P) und Umweltauflagen (N). Effizienz org. Dünger oft noch unzureichend

6.3.3 Integrierter Pflanzenschutz

Grundlagen: Ziel des Pflanzenschutzes ist es, die Kulturpflanzen vor Krankheiten, Schaderregern und Unkräutern zu schützen. Der integrierte Pflanzenschutz gilt als Leitbild des weiterentwickelten konventionellen Pflanzenbaus und ist im § 2 des Pflanzenschutzgesetzes definiert als eine Kombination von Verfahren, bei denen unter vorrangiger Berücksichtigung biologischer, biotechnischer, pflanzenzüchterischer sowie anbau- und kulturtechnischer Maßnahmen die Anwendung chemischer Pflanzenschutzmittel auf das notwendige Maß beschränkt wird. Pflanzenschutzmittel sollen nur dann angewendet werden, wenn ein wirtschaftlicher Schaden droht. Für viele Unkräuter und Schädlinge gibt es Bekämpfungsrichtwerte und Prognosemodelle, die der Landwirt als Entscheidungshilfe nutzen kann. Der integrierte Pflanzenschutz beginnt bereits bei der Wahl der Kultur für den jeweiligen Standort und setzt sich fort über die Bodenbearbeitung nach guter fachlicher Praxis, der Verwendung von gesundem Saat- und Pflanzgut, das Aussaatverfahren und durch eine ausgewogene Düngung. Ein weiteres Instrument des integrierten Pflanzenschutzes ist der biologische Pflanzenschutz. Hier werden unter anderem Nützlinge wie Schlupfwespen gegen den Maiszünsler unter Beachtung von Prognosemodellen eingesetzt.

Auswirkungen des Klimawandels: Das sich verändernde Klima wirkt sich auch auf den integrierten Pflanzenschutz aus. Durch unausgeglichene Wasserversorgung und höhere Temperaturen wird die Pflanzengesundheit beeinträchtigt. Die Ausbringung von Pflanzenschutzmitteln wird witterungsbedingt unsicherer, da die Wirkung der Gabe durch fehlende Bodenfeuchte eingeschränkt werden kann (*VERBAND DER LANDWIRTSCHAFTSKAMMERN (VDLWK), 2010*). Bei Pflanzenschutzmitteln, die über die Blattoberfläche aufgenommen werden, kann es durch veränderte Blattmorphologie zu Problemen bei der Aufnahme kommen (*SCHALLER u. WEIGEL, 2007*).

Im Hinblick auf die Unkräuter wird durch den steigenden CO_2-Gehalt der Atmosphäre das Wachstum der Unkräuter zunehmen. Durch steigende Temperaturen kann die Ausbildung von Resistenzen beschleunigt werden. In Deutschland ist bereits eine Zunahme wärmeliebender Unkräuter zu beobachten (*SCHALLER & WEIGEL, 2007*). Vor allem Hirse- und Trespenarten sowie Ackerfuchsschwanz breiten sich u.a. zusätzlich durch reduzierte Bodenbearbeitungsverfahren und mangelnde Feldrainpflege verstärkt aus.

Durch wärmere und feuchtere Wintermonate wird sich der Pilz- und Bakterienbefall ändern. Unter anderem wird das Risiko von Getreidefußkrankheiten, der Befall mit Phoma lingam, Sclerotinia sclerotiorum und Verticillium longisporum beim Raps größer werden (*TIEDEMANN u. ULBER, 2008*). Hingegen werden durch die heißtrockene Frühsommerwitterung der Pilzbefall im Getreide und das Auftreten der Kartoffelfäule geringer werden (*CHMIELEWSKY, 2007b*).

Tierische Schaderreger wie z.B. Spinnmilben werden durch längere Trockenzeiten begünstigt. Wärmeliebende Insekten wie Kartoffelkäfer und Blattläuse werden zunehmen, wodurch auch Sekundärschäden wie Virosen zunehmen können. Auch die Verbreitung des Maiswurzelbohrers in Richtung Norden wird sich in den nächsten Jahren fortsetzen. Bei mildem Herbstverlauf wird der Blattlausdruck in Gerste und somit die Gefahr der Übertragung des Gelbverzwergungsvirus sich erhöhen. Steigende Wintertemperaturen und kürzere Frostperioden führen zu einer steigenden Überlebensrate bei Schnecken und damit zu deren Ausbreitung.

Eignung: Die meisten Optionen zur Anpassung an die ungünstigeren Anbaubedingungen werden durch die Pflanzenzüchtung erwartet. Eine Züchtung in Richtung Hitze- und Trockenheitstoleranz möglichst parallel mit einer verminderten Anfälligkeit für Pflanzenkrankheiten wäre zielführend. Können sich Kulturen stabil entwickeln, so sind sie auch gegen Pflanzenkrankheiten unempfindlicher (*GEROWITT u. STRUCK 2008*). Auch eine bessere Unkrautunterdrückung ist zu erwarten.

Daher sind Resistenzzüchtungen und regionale Sortenprüfungen das Standbein des integrierten Pflanzenschutzes. Unter anderem durch regionale **Landessortenversuche,** veröffentlicht über die Landwirtschaftskammern, kann der Praktiker umfangreiche Informationen über das vorhandene Sorten- und Artenspektrum erhalten.

Durch zunehmende Frühjahrstrockenheit wird der Einsatz von **blattaktiven Herbiziden** im Energiemais zunehmen, da die Wirkung der bodenwirksamen Wirkstoffe durch fehlende Bodenfeuchte eingeschränkt wird. Im Herbst hingegen könnten vorrangig bodenwirksame Herbizide zum Einsatz kommen.

Um Veränderungen im Artenspektrum festzustellen, können vorhandene Monitorings in Anspruch genommen werden. Für witterungsbasierte Schaderreger stehen **Prognosemodelle** und Vorhersagen zum Insektenauftreten zur Verfügung, die dem Praktiker den optimalen Einsatz von Insektiziden angeben. Durch den Einsatz von **verlustmindernder Technik** sowie Nutzung neuer Technologien zur räumlich hochauflösenden Erfassung von Boden- und Bestandsmerkmalen kann der Ausbreitung von Resistenzen entgegen gewirkt werden.

Grenzen: Aufgrund der hohen Kosten können regionale Sorten- und Artenprüfungen im Hinblick auf Krankheitsanfälligkeiten immer nur in einem bestimmten Rahmen durchgeführt werden. Für eine den Witterungsereignissen angepasste, differenziertere Diagnose und somit zielgerichtete Behandlung von Pflanzenkrankheiten und Schädlingsbefall ist die Weiterentwicklung von Prognosemodellen erforderlich (*VDLWK, 2010)*. Auch um Resistenzbildungen entgegen zu wirken, eignen sich diese Modelle, da optimale Ausbringungszeitpunkte erstellt werden. Die Entwicklung von Prognosemodellen erfordert, genauso wie die züchterische Anpassung, einen zeitlichen Vorlauf, bevor Praxisreife erwartet werden kann.

Maßnahme: Angepasster Pflanzenschutz	
Derzeitige Stärken und Schwächen der Maßnahme	
Stärken	Schwächen
▪ Im Pflanzenschutzgesetz geregelt ▪ Langjährige Erfahrung ▪ Unkrautmindernde Wirkung ▪ Krankheits- und schädlingsmindernde Wirkung	▪ Bei Wassermangel schlechte Wirkung blatt- und bodenwirksamer Pflanzenschutzmittel ▪ Resistenzzüchtung langwierig ▪ Hohe Kosten für optimale Applikationstechnik
Chancen und Risiken der Maßnahme für den Energiepflanzenanbau im Klimawandel	
Chancen	Risiken
▪ Geringerer Herbizideinsatz ▪ Geringerer Fungizideinsatz ▪ Veränderter Unkrautbesatz durch Nutzung eines erweiterten Artenspektrums	▪ Zunahme an Wurzel- und Knollenunkräutern durch erweitertes Artenspektrum ▪ Ausbreitung wärmeliebender Insekten ▪ Ausweitung wärmeliebender Unkräuter

6.4 Maßnahmen der Bodenbearbeitung

6.4.1 Überblick

Durch acker- und pflanzenbauliche Maßnahmen ist es möglich, sich den ändernden Klimabedingungen anzupassen. Auf der anderen Seite gibt es aber auch Bodeneigenschaften, die nur minimal beeinflusst werden können. Zum Beispiel ist die Speicherfähigkeit von pflanzenverfügbarem Wasser in der Ackerkrume durch die Korngrößenzusammensetzung und die organische Bodensubstanz festgelegt. Einerseits ist auf die Erhaltung des standorttypischen Humusgehalts des Bodens zu achten. Andererseits lässt sich durch Maßnahmen der Bodenbearbeitung der Ersatz des verbrauchten Bodenwassers beeinflussen (*BISCHOFF, RÜCKNAGEL u. HOFMANN, 2010).*

Als **Bodenbearbeitung** bezeichnet man einen mechanischen Eingriff in den Boden, der die Herstellung oder Erhaltung eines für das Pflanzenwachstum günstigen, aber zugleich auch Schäden vermeidenden Bodenzustandes bewirken soll. Durch geeignete Bodenbearbeitungsverfahren kann der Luft- und Wasserhaushalt des Bodens sowie der Unkraut- und Ungrasbewuchs reguliert, die biologische Aktivität des Bodens und die Nährstoffverfügbarkeit verbessert sowie die Auswaschung gemindert werden.

Bodenbearbeitung hat grundsätzlich unter Berücksichtigung der Witterung standortangepasst zu erfolgen, so dass die Bodenstruktur und die bodenbiologische Aktivität erhalten bzw. gefördert werden. Bodenverdichtungen infolge Bodendrucks durch den Einsatz von Geräten zur Bodenbearbeitung, sind so weit wie möglich zu vermeiden. Die Grundsätze der guten fachlichen Praxis der landwirtschaftlichen Bodennutzung sind im § 17 Bundes-Bodenschutzgesetz vom 17. März 1998 definiert und stellen die Grundlage für eine nachhaltige Bodennutzung dar (*BUNDESMINISTERIUM f. JUSTIZ, 1998*).

Das **Spektrum** der Bodenbearbeitung umfasst nach KTBL (1993) drei Verfahren:

- Konventionelle Bodenbearbeitung mit dem Pflug
- Konservierende Bodenbearbeitung
- Direktsaat

Das jeweilige Bodenbearbeitungsverfahren umfasst die Stoppelbearbeitung, die Grundbodenbearbeitung, die Saatbettbereitung und die Aussaat.

6.4.2 Konventionelle Bodenbearbeitung

Unter **konventioneller Bodenbearbeitung** versteht man die alljährliche Lockerung und Wendung des Bodens mit dem Pflug auf Krumentiefe (i. d. R. bis ~30 cm Bodentiefe). Gleichzeitig werden beim Pflügen Pflanzenreste und Unkraut in den Boden eingearbeitet. Die Pflugarbeit hinterlässt eine vegetationsfreie Bodenoberfläche, einen „reinen Tisch", als Voraussetzung für eine störungsfreie Aussaat der Folgefrucht mit herkömmlicher Drilltechnik.

Eignung: Durch eine wendende Bodenbearbeitung, dem Prinzip des „reinen Tisches", werden **Wurzelunkräuter und Ungräser** besser unterdrückt, Krankheiten und Schneckenpopulationen sowie Feldmäuse werden dezimiert. Die **Stickstoffmineralisation** und die Jugendentwicklung der Kulturen werden gefördert, wodurch die Stickstoffdüngung und der Pflanzenschutzeinsatz reduziert werden können. Der Pflugeinsatz im Frühjahr gewährleistet auf verschlämmungsanfälligen Böden mit nordseitiger Schlagexposition eine zügige Abtrocknung und **Erwärmung** des Bodens (*KREITMAYR, J. 2004*). Vor allem in Regionen mit hohen jährlichen Niederschlägen schafft die wendende Bodenbearbeitung luftführende Grobporen. Bei hohen Wassermengen im Boden wird Sauerstoff zum limitierenden Faktor.

Grenzen: Wendende Bodenbearbeitung fördert die Mineralisation der organischen Substanz und führt dadurch zu **CO_2- Emissionen**. Beim Einsatz des Pfluges steigt die Gefahr von **Bodenerosion** und bei feuchten Bodenbedingungen kann der Pflugeinsatz zu **Bodenverdichtungen** führen. Im Frühjahr entzieht eine wendende Bodenbearbeitung, vor allem auf leichten Böden, Bodenfeuchtigkeit.

Maßnahme: Konventionell wendende Bodenbearbeitung	
Derzeitige Stärken und Schwächen der Maßnahme	
Stärken	Schwächen
▪ In der Praxis bekanntes Verfahren ▪ Langjährige Erfahrung ▪ Unkrautmindernde Wirkung ▪ Gute Bodenlüftung ▪ Nährstoffmobilisierung ▪ Schnelle Abtrocknung ▪ Eignung für schwere, gefügeschwache Böden (z.B. Lehm, Tonböden) ▪ Eignung für strukturschwache Böden (Sandböden)	▪ Erhöhe Erosionsgefahr ▪ Erhöhte Verdichtungsgefahr ▪ Hohe Produktionskosten ▪ Stärkere Bodenwasserverdunstung ▪ Geringere Infiltrationsleistung (Kappung bevorzugter Fließbahnen) ▪ Beschränkte Förderung der Bodenfruchtbarkeit
Chancen und Risiken der Maßnahme für den Energiepflanzenanbau im Klimawandel	
Chancen	Risiken
▪ Bodenlockerung auch bei stark ausgetrockneten Böden ▪ Bodenlockerung auch bei stark verschlämmten Böden ▪ Weiterhin Einsatz zu Winterungen aber Wechsel zu reduzierten Verfahren nach Raps, Zuckerrüben, Kartoffeln, Zwischenfrucht und zu Sommerungen	▪ Hohe Wasserverdunstung bei abnehmender Wasserverfügbarkeit ▪ Grenze der Wirtschaftlichkeit sinkt bei abnehmenden Erträgen ▪ Zunehmende Erosionsschäden bei Starkregenereignissen ▪ Humusabbau und CO_2-Emissionen

6.4.3 Reduzierte Bodenbearbeitung

Bei der reduzierten Bodenbearbeitung wird auf den Pflugeinsatz mehrjährig verzichtet. Sie wird auch als konservierende Bodenbearbeitung oder Minimalbodenbearbeitung bezeichnet. Man unterscheidet zwischen zwei Arbeitsgängen:

- Lockerung von Unter- und Oberkrume (10 – 20 cm Tiefe) und
- Lockerung der Oberkrume (5 -8 cm Tiefe).

Scheiben- oder grubberartige Werkzeuge kommen zum Einsatz. Ernterückstände werden in oberflächennahe Bodenschichten flach eingearbeitet.

Ziel der konservierenden Bodenbearbeitung ist die Schaffung eines stabilen, wenig verschlämmungsanfälligen und tragfähigen Bodengefüges. Auf Ackerflächen wird die pfluglose Bodenbearbeitung als wirksame Erosionsschutz-Maßnahme durchgeführt.

Eignung: Reduzierte Bodenbearbeitung sollte standardmäßig auf erosions- und nitrataustragsgefährdeten Standorten durchgeführt werden. Durch die **Lockerung** des Bodens und die oberflächennahe Einarbeitung der Pflanzenreste wird ein stabiles und tragfähiges **Bodengefüge** geschaffen und die Verschlämmungsgefahr sowie Bodenabtrag durch Wasser und Wind deutlich gemindert. Vorhandene Pflugsohlenverdichtungen werden behoben, der **Humusgehalt** positiv gefördert und das im Sommer verfügbare Wasserangebot des Bodens wird gehalten. Reduzierte Bodenbearbeitung verringert die Verdunstung. Der **Oberflächenabfluss** wird gegenüber der wendenden Bodenbearbeitung deutlich reduziert, die **Wasserinfiltration** und das **Wasserhaltevermögen** gesteigert und die Nährstoffverlagerung (lösliches Phosphat, Nitrat) wird gemindert. CO_2 und NO_2- Emissionen werden durch die Förderung des Humusaufbaus ebenfalls gegenüber den wendenden Verfahren gesenkt *(GESELLSCHAFT F. KONSERVIERENDE BODENBEARBEITUNG 2011).*

Die Zusammenlegung von Arbeitsgängen **spart Zeit und Treibstoff**, so dass die Lohn- und Maschinenkosten gesenkt werden können. Es stellt sich eine bessere Befahrbarkeit ein, so dass eine frühere und **zeitgerechtere Ernte** möglich wird.

Trockene, nach Süden ausgerichtete und schnell **erwärmende Standorte** sind prädestiniert für eine reduzierte Bodenbearbeitung. Bei Böden mit gutem Krümelgefüge ist umso eher ein Pflugverzicht möglich, je schwerer und trockener der Boden ist. Flachgründige Verwitterungsböden sowie kalkreiche Lehm- und Tonböden mit entsprechendem **Krümelgefüge** und einer guten Wasser- und Luftführung sind besonders geeignet. Auch auf Standorten, die einen geringen pflanzenverfügbaren Bodenwasservorrat und weniger als 500 mm Niederschlag aufweisen, zur Verschlämmung neigen und stark erosionsgefährdet sind, wirkt sich reduzierte Bodenbearbeitung besonders günstig auf den Erhalt bzw. Förderung der **Bodenfruchtbarkeit** und **erosionsmindernd** aus. Der Grad der Erosionsminderung ist abhängig vom Grade des Bewuchses.

Auf sandigen Böden können konservierende Bodenbearbeitungsverfahren temporär in die Fruchtfolge eingeordnet werden, vor allem nach Raps, Kartoffeln, Rüben oder Zwischenfrüchten, die ein günstiges Gefüge mit einem gut durchwurzelten Boden bis in den Unterboden hinterlassen.

Eine gesamtbetriebliche Umstellung von der konventionellen zur konservierenden Bodenbearbeitung eignet sich besonders für Betriebe mit entsprechenden Standortbedingungen, mit weiten Fruchtfolgegliedern, geringem Arbeitskräftebesatz und bei gutem Betriebsleitermanagement. Die geringsten Probleme bei der Umstellung treten auf, wenn nach einer Blattfrucht begonnen wird und sie innerhalb einer Fruchtfolge und somit über mehrere Jahre erfolgt (*VOGT u. KIRCHNER, 2006*).

Grenzen: Sand- und feinsandige Schluffböden mit ihrem **Einzelkorngefüge** neigen stark zur Verdichtung, hier stößt die reduzierte Bodenbearbeitung schnell an Grenzen. Auf staunassen- und grundwasserbeeinflussten **nicht dränierten** Böden ist das reduzierte Bodenbearbeitungsverfahren nur bedingt möglich. Auch auf **verschlämmungsanfälligen** und feuchten Böden mit nordseitiger Schlagexposition oder Flächen, die im Frühjahr besonders langsam abtrocknen und sich langsam erwärmen, sind weniger geeignet bzw. erfordern ein höheres Management. Auf feuchten Standorten und in Feuchtjahren kann verstärkter Fusariumdruck und Schneckenbefall auftreten, während auf Trockenstandorten sowie in sehr trockenen Jahren Auflaufprobleme auftreten können.

Reduzierte Bodenbearbeitung führt tendenziell zu einem höheren Aufwand **an Herbiziden**. Glyphosat - Herbizidanwendungen sind ein entscheidender Baustein des Verfahrens (*REICH, 2006*).

Im **ökologischen Landbau** kann durch die Zunahme von Wildgräsern häufig nicht auf eine wendende Bodenbearbeitung verzichtet werden.

Bei den **Pflanzenkrankheiten** können, vor allem bei engen Getreidefruchtfolgen, verstärkt Blatt- und Ährenkrankheiten auftreten, mit der Folge, dass zusätzliche Fungizidspritzungen notwendig werden. Durch Ähreninfektionen mit Fusariumerregern kann es zur Bildung von Mykotoxinen kommen, die bei einer weiteren Verwendung eine Gefahr für Mensch und Tier darstellen. Darüber hinaus besteht auf grundwassersensiblen Standorten die Gefahr, dass Wirkstoffreste und dessen Metaboliten im Rohwasser auftreten. Durch gezielte Fruchtfolgegestaltung, optimale Strohzerkleinerung und -verteilung sowie einer guten Stoppel- und Bodenbearbeitung kann der Krankheitsdruck deutlich gemindert werden. Verstärkter Befall mit Ackerschnecken wird durch Rückverfestigung des Saatbettes zur Beseitigung von Hohlräumen eingedämmt.

Maßnahme: Konservierende Bodenbearbeitung	
Derzeitige Stärken und Schwächen der Maßnahme	
Stärken	Schwächen
▪ Praxisreifes Verfahren ▪ Minderung der Erosionsgefahr ▪ Geringerer Kraftstoffverbrauch, Zeitersparnis, geringere Lohn- u. Maschinenkosten, ▪ Hohe Wassereffizienz (erhöhte Infiltration, reduzierte Verdunstung, weniger Oberflächenabfluss ▪ Steigerung der Bodenfruchtbarkeit, Steigerung der mikrobiellen Aktivität, humusfördernd ▪ Geringerer Nährstoffaustrag (Nitrat, Phosphat) ▪ Eignung auf strukturstarken Böden (Krümelgefüge) und schnell erwärmbaren Standorten ▪ Bessere Befahrbarkeit ▪ Frühere und zeitgerechtere Saat	▪ Erhöhter Herbizideinsatz ▪ Wenig geeignet auf strukturschwachen Böden mit Einzelkorngefüge (Sandböden , schluffig, sandige Böden) ▪ Wenig geeignet auf staunassen und zur Verschlämmung neigenden Böden ▪ Im ökologischen Landbau nur beschränkt einsetzbar ▪ In Feuchtjahren erhöhtes Risiko von Fusarium- u. Schneckenbefall
Chancen und Risiken der Maßnahme für den Energiepflanzenanbau im Klimawandel	
Chancen	Risiken
▪ Erosionsschonendes Verfahren mindert steigendes Erosionsrisiko. ▪ Aktiver Erhalt der Bodenfruchtbarkeit, Humusaufbau fördert Ertragsfähigkeit ▪ Stabilisierung des Bodenwasserhaushaltes u. gesteigerte Wassereffizienz senkt Dürrerisiko ▪ Bedeutung geringer Produktionskosten nimmt bei zunehmendem Ertragsrisiko zu ▪ Geringere Nährstoffverluste erfordern geringeren Düngebedarf u. mindern Gewässerbelastung	▪ Zunehmender Unkraut/grasdruck kann zu erhöhtem Herbizideinsatz führen ▪ Auf leichten Standorten nur bedingt einsetzbar ▪ Nicht für alle Kulturen gleich geeignet ▪ In feuchtwarmen Wintern steigender Fusariendruck

6.4.4 Direktsaatverfahren

Direktsaat ist eine Bestellung ohne jegliche Bodenbearbeitung nach der Ernte der vorhergehenden Hauptkultur. Direktsaat ist ein eigenständiges Anbausystem. Mit einer eigens dafür vorgesehenen Direktsaatmaschine wird mit Hilfe von Säscharen ein Säschlitz gezogen und das Saatgut direkt darin abgelegt. Dabei wird unter 50 % der Bodenoberfläche bewegt, sonst handelt es sich nicht mehr um eine Direktsaat. Die Erntereste der vorherigen Kultur bleiben als Mulchdecke an der Bodenoberfläche. Dadurch werden der Unkrautdruck und die Verdunstung reduziert. Soll das Ziel einer ganzjährigen Bodenbedeckung erreicht werden, so verlangt dies eine vielfältige Fruchtfolgegestaltung.

Bei diesem Bodenbearbeitungsverfahren verändern sich die Bodeneigenschaften noch stärker als bei reduzierter Bodenbearbeitung. Durch die Zunahme an Grobporen und den Besatz an Regenwürmern wird ein stabiles Bodengefüge geschaffen. Die Aggregatstabilität und die Infiltrationsrate des Bodens werden erhöht und Erosionsverluste somit reduziert. Auch die Befahrbarkeit der Böden wird verbessert. Ob sich der Humusgehalt erhöht, oder es vielmehr zu einer Anreicherung in den oberen 30 cm kommt während der Humusgehalt in den darunterliegenden Schichten abnimmt, ist derzeit noch Forschungsgegenstand (*FLESSA et. al. 2010, SMITH et. al. 1998, TRIEBE, 2007*).

Eignung: Im Hinblick auf den **Gewässer-**, den **Erosions-** und den **Klimaschutz** bietet die Direktsaat Vorteile. Im extremen Direktsaatverfahren können flächenbezogen bis zu 80% an Dieselkraftstoff und Arbeit im Vergleich zu intensiver Bodenbearbeitung mit Saatbettbereitung gespart und entsprechend die Treibhausgasemissionen um etwa 80 % reduziert werden. Der Verzicht von Bodenbearbeitung erhöht die **Humusanreicherung** und die Bindung des Kohlenstoffes sowie des Stickstoffes im Oberboden. Verschlämmung, Bodenerosion und oberflächlicher Abfluss können weitgehend vermieden und Infiltrationsraten gesteigert werden (*KÖPKE, 2008*).

Grenzen: Als Limitation der Direktsaat ist im Vergleich zur Lockerboden – und Mulchwirtschaft die verzögerte **Stickstofffreisetzung** im Frühjahr in Folge erhöhter **Dichtlagerung** und geringerer Evaporation des Bodens ausgangs Winter zu nennen. Der Boden hat weniger luftgefüllte Poren und erwärmt sich dadurch langsamer (*KÖPKE, 2008*).

Verschiedene Autoren weisen darauf hin, dass, bedingt durch die Nährstoffakkumulation im Oberboden, die **N_2O- Emissionen** bei Direktsaatverfahren höher als bei wendender Bodenbearbeitung sein können und das hohe C- Rückbindungspotenzial der Direktsaat dadurch ggf. kompensiert wird *(BALL et al. 1999, SKIBA et al. 2002, VINTEN et al. 2002, SIX et al. 2002).*

Eine weitere Limitation bedeutet die Aufgabe der mit der intensiven Bodenbearbeitung verbundenen mechanischen Unkrautbekämpfung. Ohne den Einsatz von **Totalherbiziden** ist Direktsaat im konventionellen Anbau nur in Ausnahmefällen möglich. Nur durch eine ganzjährige Bodenbedeckung kann der Unkraut- und Ungrasdruck deutlich gemindert werden (*KÖPKE, 2008*). Direktsaat ist sehr anspruchsvoll, bedarf eine **mehrjährige Umstellungszeit** und erfordert von Landwirten das entsprechende Wissen, Geduld und Experimentierfreudigkeit (*ESTLER u. KNITTEL, 1996).*

Auf Standorten mit hohem **Steinanteil** sind Direktsaatmaschinen weniger geeignet. Sehr unebene Flächen oder Flächen mit tiefen Fahrspuren, die u.a. bei der Vorfruchternte entstehen können, sind ebenso wie verdichtete Böden ungeeignet für das Direktsaatverfahren.

Maßnahme: Direktsaatverfahren	
Derzeitige Stärken und Schwächen der Maßnahme	
Stärken	Schwächen
▪ Grundsätzlich wie konservierende Bodenbearbeitung zu beurteilen ▪ Verstärkung der positiven Effekte auf Klimaschutz, Erosionsschutz und Gewässerschutz gegenüber red. Bodenbearbeitung ▪ Verstärkter Humusaufbau mit C- und N-Bindung ▪ Reduzierte Verfahrens- und Personalkosten ▪ Mulchdecke reduziert Verdunstung	▪ Grundsätzlich wie konservierende Bodenbearbeitung zu beurteilen ▪ Erfordert erhöhtes technisches „know how" und Erfahrung des Betriebsleiters ▪ Mehrjährige Umstellungszeit ▪ Nährstoffe bleiben nur im Oberboden ▪ Dichtlagerung des Bodens ▪ Nicht geeignet bei hohem Steinanteil, unebenen Flächen, verdichteten Böden ▪ Erfordert Totalherbizide
Chancen und Risiken der Maßnahme für den Energiepflanzenanbau im Klimawandel	
Chancen	Risiken
▪ Eignung für extensive Anbausysteme ▪ Eignung bei gut abtrocknenden Böden ▪ Reduzierung von Erosion und Nährstoffauswaschung ▪ Humusaufbau und CO_2-Senkenfunktion ▪ Höhere Infiltrationsraten ▪ Geringere Erosivität	▪ Siehe auch konservierende Bodenbearbeitung ▪ Höherer Gräser/Unkrautdruck kann im System nur mit Totalherbiziden bekämpft werden ▪ Verzögerte Stickstoffverfügbarkeit im Frühjahr ▪ Auswirkungen auf das Wurzelsystem sind zu prüfen: führt Nährstofffestlegung im Oberboden zu geringerer Wurzeltiefe, könnte ggf. die Standfestigkeit u. die Wasserverfügbarkeit leiden ▪ Ggf. erhöhte N_2O –Emission im Vergleich zu wendender Bodenbearbeitung

6.5 Aussaat- und Pflanzverfahren

6.5.1 Überblick

Die Aussaat oder Pflanzung von Ackerkulturen erfolgt maschinell und in der Regel in parallel angeordneten Reihen mit gleichmäßigen Abständen zwischen und in den Reihen. Je nach Kultur werden unterschiedliche Saat- bzw. Pflanzverfahren angewendet. Bei Getreide und Raps wird in der Regel eine Drillsaat oder Breitsaat durchgeführt, die Reihenabstände liegen hier bei ca. 12 cm. Bei Zuckerrüben, Mais,

Sorghum und Sonnenblumen erfolgt vorrangig die Einzelkornsaat. Reihenabstände liegen bei Zuckerrüben klassischerweise bei 45 cm und bei Mais bei 75 cm und bedingen eine erhöhte Erosionsgefahr. Bei Mais sind derzeit zur Minderung der Erosionsgefahr Engsaatverfahren in der Erprobung. Auch der Anbau von Untersaaten bekommt unter dem Aspekt der Erosionsminderung, besseren Befahrbarkeit und weitgehenden Bodenbedeckung zunehmende Bedeutung. Im Gemüsebau wird üblicherweise das Pflanzverfahren durchgeführt, teils auch als Dammsaat und/oder mit Folienabdeckung.

Im Klimawandel ist mit zunehmenden Erosionsereignissen und bei zunehmender Sommertrockenheit mit knapper werdender Wasserverfügbarkeit zu rechnen. Saat- und Pflanzverfahren, die in dieser Hinsicht Vorteile bieten, lassen daher auch Vorteile im Klimawandel erwarten. Als interessante und praxisnahe Verfahren werden im Folgenden die Engsaat und die Einbringung von Untersaaten beschrieben. Weiter werden der Anbau in Dämmen und der Anbau mit Folienabdeckung im Hinblick auf ein wassereffizientes und erosionsvermeidendens Wirtschaften beschrieben.

6.5.2 Engsaatverfahren

Engsaatverfahren gelangen derzeit zunehmend Bedeutung beim Maisanbau auf erosionsgefährdeten Standorten. Auch unter dem Aspekt einer verbesserten Nährstoffeffizienz und der Vermeidung diffuser Nährstoffausträge werden durch Engsaatverfahren positive Effekte erwartet. Der Begriff Engsaat ist durch den Reihenabstand definiert. Bei Reihenkulturen, wie z.B. Mais, wird bei einem Reihenabstand von unter 45 cm von Engsaat gesprochen, bei Getreide bei einem Reihenabstand von unter 8 – 9 cm. Im Folgenden wird auf die Engsaat beim Maisanbau näher eingegangen:

Pflanzenbaulich gesehen ist eine Gleichstandsaat, d.h. der Abstand zur nächsten Pflanze ist in alle Richtungen gleich groß, für eine Kulturpflanze sowohl in Bezug auf die Wasser- und Nährstoffverfügbarkeit im Boden als auch im oberirdischen Bereich als Optimum zu bezeichnen. Aus diesen **optimalen Standraumzumessungen** können Pflanzen bessere Erträge erzielen, als wenn sie um Licht, Nährstoffe und Wasser in Konkurrenz stehen. Als Idealfall ist ein Standraumverhältnis von 1,0 zu betrachten, in dem der Abstand der Körner in der Reihe und auch zwischen den Reihen identisch ist. Das Anbauverfahren mit 37,5 cm Reihenabstand kommt diesem Ziel bei niedrigen Bestandesdichten sehr nahe. Der Maisanbau mit einem Reihenabstand von 75 cm ist in der Vergangenheit erntetechnisch bedingt gewesen, da die „Maisgebisse“ der Häcksler diesen Abstand vorgaben. Dieses ist seit längerem durch eine reihenunabhängige Erntetechnik überholt. Beim Anbau im 37,5 cm Reihen muss auf eine angepasste Unterfußdüngung geachtet werden, um die potenziellen Ertragsvorteile realisieren zu können. Ein weiteres Argument für den Anbau von Mais mit einem Reihenabstand von 37,5 cm sind die ab 2011 umzusetzenden **CC-Vorgaben**, wonach auf winderosionsgefährdeten Flächen Reihenkulturen mit Reihenabständen über 45 cm nur noch in reduzierten Bodenbearbeitungsverfahren oder mit Untersaaten angebaut werden dürfen (*MÜLLER-THOMSEN, 2010*).

Eignung: Im Maisanbau stehen für das Engsaatverfahren mit bis zu 37,5 cm Reihenabstand Sä- und Erntetechnik zur Verfügung. Durch den engeren Reihenabstand wird ein früherer Reihenschluss erreicht und er bietet einen besseren Erosionsschutz. Durch den höheren Bedeckungsgrad der Fläche werden Nährstoffe besser genutzt. Versuche in Schleswig-Holstein zeigen, dass Engsaatbestände die Reihen drei bis fünf Wochen früher schließen und so die Einstrahlung auf den Boden und damit die Verdunstung an Wasser aus den oberen Bodenschichten reduzieren (*RECKLEBEN, 2009*). Vor allem in Wasserschutzgebieten und erosionsgefährdeten Hanglagen sowie auf Flächen mit hoher Winderosion bewährt sich diese Anbaustrategie.

Grenzen: Die Engsaat von Mais erfordert als technische Voraussetzung eine entsprechende Aussaattechnik sowie reihenunabhängige Erntetechnik. Kurzfristig kann es daher mangels technischer Verfügbarkeit zu Problemen bei der Umsetzung kommen. Da diese Arbeitsgänge vielerorts schon heute von Lohnunternehmen durchgeführt werden, sollte eine technische Umrüstung zumindest mittelfristig auch für kleinere Betriebe kein Hindernis sein. Derzeit erprobt wird noch eine optimale Anpassung der Unterfußdüngung. Langfristig werden im konventionellen Anbau weder Einschränkungen noch Nachteile durch das Engsaatverfahren erwartet.

Im ökologischen Mais-Anbau kann ein enger Reihenabstand eine aufwendigere und kostspieligere Hacktechnik erforderlich machen.

Maßnahme: Engsaatverfahren	
Derzeitige Stärken und Schwächen der Maßnahme	
Stärken	Schwächen
▪ Bessere Wasser- und Nährstoffaneignung durch Gleichstandsaat ▪ Praxisreife Technik ▪ CC- Konformität für Erosionsflächen	▪ Erforderliche Engsaattechnik und reihenunabhängige Erntetechnik muss vielerorts neu angeschafft werden ▪ Neues Verfahren erfordert Einarbeitung
Chancen und Risiken der Maßnahme für den Energiepflanzenanbau im Klimawandel	
Chancen	Risiken
▪ Erosionsschutz ▪ Durch schnelleren Reihenschluss höhere Wassereffizienz ▪ Bessere Nährstoffausnutzung und vermutlich geringere Nährstoffauswaschung	▪ Im Ökolandbau nur bedingt einsetzbar, aufgrund der Notwendigkeit einer mechanischen Unkrautkontrolle mit Hackmaschinen

6.5.3 Untersaatverfahren

Untersaaten bieten sich für Reihenkulturen mit breitem Reihenabstand wie dem Mais an und stellen eine Alternative zum Engsaatverfahren dar, durch die die Erosionsgefahr gesenkt werden kann. Aber auch in Getreidekulturen ist die Ausbringung von Untersaaten möglich.

Die Aussaat der Untersaat kann alternativ zur Drillsaat kostengünstig z.B. als Breitsaat mit Hackstriegelkombination erfolgen. Wichtig ist eine oberflächliche Bedeckung des Saatgutes.

Als Untersaaten in Mais eignen sich z.B. einjährige Gräser wie Rotschwingel und mehrjährige Weidelgrasmischungen ebenso wie Getreidearten (Grünroggen).

Um wurzel- und stängelbürtigen Schädlingen wie dem Maiswurzelbohrer oder dem Stängelbohrer auch beim Anbau von Untersaaten mit Nachnutzung keine Chance zur Ausbreitung zu geben, sollten die Maisstoppeln nach der Ernte flach geschlegelt werden.

Chancen: Untersaaten erhöhen durch ihre schnelle Entwicklung die **biologische Unkrautregulierung** und erhalten bzw. verbessern somit die **Bodenfruchtbarkeit** in Mais und getreidebetonten Fruchtfolgen. Darüber hinaus können Untersaaten auch als

Gärsubstrat für Biogasanlagen und als Futter genutzt werden. Entscheidend für den Erfolg des Untersaatverfahrens sind das Bodenwasserangebot sowie acker- und pflanzenbauliche Maßnahmen.

Durch zunehmende Temperaturen und Niederschlagsmengen in den Wintermonaten können die durch verstärkte Mineralisierung frei werdenden Nährstoffe durch die Untersaat optimal aufgenommen werden und **mindern so das Auswaschungsrisiko** *(MEYER-SCHATZ, 2010, VON BUTTLAR et. al. 2010).*

Nach der Ernte der Hauptkultur ist keine weitere Bodenmaßnahme erforderlich, wodurch die CO_2-Emission deutlich reduziert wird. Im Getreidebau können durch die kombinierte Aussaat einer Hauptfurcht mit Untersaat die Aussaatkosten gegenüber dem Zwischenfruchtanbau deutlich gesenkt werden.

Das Untersaatverfahren wird als Agrarumweltmaßnahme gefördert und im Grundwasserschutz angewendet.

Risiken: Mit weiter abnehmenden Niederschlagsmengen in den Frühjahrs- und Sommermonaten wird der Faktor **Wasser** immer entscheidender werden. Im Maisanbau sind daher Untersaaten gefragt, die einen geringen Wasseranspruch aufweisen. Im Getreideanbau werden Untersaaten benötigt, die sich auch bei geringer Bodenfeuchte nach der Hauptkulturernte etablieren können.

Untersaaten gelingen nur mit einem abgestimmten Pflanzenschutzmanagement. Um gute Erträge mit Gräseruntersaaten zu erzielen, ist der Bestand weitgehend frei von Unkräutern/gräsern zu halten. Die Behandlung von Problemunkräutern wie Hirsen sollte bis 14 Tage vor der Aussaat der Untersaat abgeschlossen sein *(MEYER-SCHATZ, 2010).*

Maßnahme: Untersaatverfahren	
Derzeitige Stärken und Schwächen der Maßnahme	
Stärken	Schwächen
▪ Erosionsschutz ▪ Nährstoffakkumulation über Winter ▪ Förderung der Bodenfruchtbarkeit ▪ Förderung der Befahrbarkeit ▪ Unkrautregulierung ▪ Verminderter Pflanzenschutzeinsatz ▪ Ausweitung von Wirtschaftsdüngereinsatz	▪ Höherer Wasserbedarf ▪ Nicht immer erfolgreiche Etablierung der Untersaat ▪ Regulierung von Ungräsern vorwiegend im Maisanbau
Chancen und Risiken der Maßnahme für den Energiepflanzenanbau im Klimawandel	
Chancen	Risiken
▪ Auflockerung von Fruchtfolgen ▪ Nutzung als Gärsubstrat ▪ Unkrautregulierung ▪ Ganzjähriger Bewuchs	▪ Erhöhte Gärrestausbringung, vor allem im Herbst ▪ Herbizideinsatz zur Folgekultur

6.5.4 Dammkultur

Die Dammkultur ist eine besondere Form des Ackerbaus, bei der der Ackerboden nicht als flaches Beet gepflügt, gegrubbert oder gesät wird, sondern durch entsprechendes Pflügen in Richtung des natürlichen Gefälles Furchen und Dämme angelegt werden. Der Acker wird durch die Ausformung der Dämme in Dammkrone und Dammfurche aufgeteilt. Gesät oder gepflanzt wird klassischerweise auf der Dammkrone. Im Dammanbau hat der Boden eine größere Oberfläche, kann sich im Frühjahr schneller erwärmen und durchlüftet besser. Geeignet ist das Verfahren auf schweren, kalten Böden und bei Böden mit Nässestau. In der Praxis wird der aufwändige Dammbau derzeit auch unabhängig von der Wasserversorgung für Sonderkulturen wie Spargel und Kartoffeln sowie Gemüse zur Erleichterung der Ernte praktiziert. In Küstenregionen kommt er auch im Rübenanbau zum Einsatz. Interessant stellt er sich auch für den Ökologischen Landbau dar, der für die Ertragsbildung stärker auf optimale Standortbedingungen angewiesen ist (*JOREK, B. 2011*).

Chancen: Ein Anbau in Dämmen hat vor allem auf schweren und kalten Böden Vorteile einer schnelleren **Bodenerwärmung** und besseren **Durchlüftung** und Durchwurzelbarkeit des Bodens, wodurch ein beschleunigtes Pflanzenwachstum und **Mehrerträge** möglich werden. In feuchten Frühjahren sind Vorteile zu erwarten. Haben die Kulturen dadurch die Chance, schon vor der einsetzenden Frühsommertrockenheit ausreichendes Wurzelwerk, Blattmasse und stabile Bestände zu bilden, so können im Klimawandel Vorteile erwartet werden. Auch bei starken Niederschlägen kann sich ein **schnelleres Abtrocknen** der Flächen positiv erweisen. Eine Ausdehnung auf andere Kulturen ist, in Abhängigkeit von der Wirtschaftlichkeit, prinzipiell denkbar.

Im **ökologischen Landbau** werden besondere Dammbauverfahren praktiziert, in denen auf der Dammkrone Hauptfrüchte wie Getreide, Zuckerrüben und Körnerleguminosen angebaut werden, während in der Dammfurche Untersaaten etabliert werden. In diesem Verfahren werden sichere Erträge und verbessere Qualitäten (z.B. Backgetreide) beobachtet. Diese Form der Bodenbearbeitung ist ein traditionelles Anbauverfahren, das seit vielen Generationen, längst vor Einführung von jeglichem synthetischen Dünger oder Pflanzenschutz, mit großem Erfolg praktiziert wurde und nachhaltig sichere Erträge lieferte (*ROLFSMEYER, 2011*). Weitere Vorteile ergeben sich in diesem System durch den erosionsmindernden Zwischenfruchtbewuchs und die Humusmehrung.

Risiken: Gezielte Untersuchungen zu der Bewertung der Dammsaat unter dem Aspekt des Klimawandels sind nicht bekannt, so dass es sich hier um erste Einschätzungen handelt, die es zu vertiefen gilt. Ohne Zwischenfruchtstreifen oder andere Formen der Abdeckung ist von einer hohen **Erosionsanfälligkeit** bei Dammsaaten auszugehen. Auch eine beschleunigte Austrocknung der Dämme bei Sommertrockenheit wird erwartet. Die **Kosten** des Saatverfahrens sind vergleichsweise teuer, so dass sich das Verfahren nur bei entsprechender Realisierung von Marktvorteilen, z.B. durch frühere Reife oder höhere Erträge, wirtschaftlich darstellen lässt.

Maßnahme: Dammsaat	
Derzeitige Stärken und Schwächen der Maßnahme	
Stärken	Schwächen
▪ Schnellere Erwärmung und schnelleres Abtrocknen auf nassen und kalten Standorten ▪ Beschleunigte Pflanzenentwicklung fördert Ertragsstabilität	▪ Hohe Arbeitserledigungskosten ▪ Hoher technischer Aufwand
Chancen und Risiken der Maßnahme für den Energiepflanzenanbau im Klimawandel	
Chancen	Risiken
▪ Für feucht-kalte Standorte	▪ Nur für begrenztes Kulturartenspektrum

6.5.5 Folienanbau

Um die Aussaat bzw. Pflanzung und die Ernte von Kulturen vorzuziehen, werden die Pflanzen mit licht- und luftdurchlässigen Kunststofffolien abgedeckt. Die Folie schützt vor Kälte und anderen witterungsbedingten Einflüssen und begünstigt somit das Wachstum der Pflanzen.

Vorrangig im Gemüsebau wird heutzutage Folienanbau durchgeführt. Auch der Energiemaisanbau unter Folie wird auf leichten Standorten im nördlichen Niedersachsen getestet. Der Folienanbau eignet sich besonders in Regionen mit langen und feuchten Wintern, in denen die Bodentemperaturen erst spät im Frühjahr die für die Maisaussaat geforderten 8 °Celsius erreichen.

Eignung: In Regionen mit früher Frühjahrstrockenheit kann sich der Folienanbau positiv auf die Pflanzenentwicklung auswirken. Durch die relativ frühe Saat bzw. Pflanzung und das sich bildendende Mikroklima unter der Folie wird das Wachstum so stark begünstigt, dass die Pflanzen wesentlich **früher geerntet** werden können, ohne in Trockenstress zu gelangen. Gegenüber dem Anbau ohne Folie wird **weniger Wasser** verbraucht. Weiterhin wird durch den Folienanbau die **Mineralisation** gefördert, so dass die N-Düngung reduziert werden kann. Der Folienanbau kann sowohl auf Ebenen als auch in Hanglagen erfolgen. Im Gemüsebau werden derzeit eine Reihe neuer Verfahren entwickelt. Zum Beispiel wird versucht die Abwärme aus regenerativer, lokal erzeugter Energie unter die Folie zu leiten, um schneller reifendes Fruchtgemüse zu erzeugen (*SUTOR, 2007*).

Grenzen: Für die Praxis ist der Folienanbau nur für Reihenkulturen mit hohem Deckungsbeitrag relevant. Dies wird sich auch im Klimawandel nicht grundsätzlich ändern. Lediglich die **Wirtschaftlichkeitsgrenzen** werden sich verschieben. Bei zunehmenden Temperaturen kann evtl. auf Folienabdeckung verzichtet werden. Stellen jedoch Spätfröste und Wassermangel die Nutzung des früheren Vegetationsbeginns in Frage, so bietet sich durch den Folienanbau die Chance der Risikovermeidung und Nutzung der vollen zur Verfügung stehenden Vegetationszeit, ggf. mit einer zweiten Ernte.

Vor allem in Hanglage kann der Folienanbau zu Bodenabtrag und **Rinnenerosion** führen. Folienreste belasten oftmals die Umwelt. Die **Ökobilanz** des Folienanbaus ist zu prüfen.

Maßnahme: Folienanbau	
Derzeitige Stärken und Schwächen der Maßnahme	
Stärken	Schwächen
▪ Frühe Aussaat und frühere Ernte ▪ Bessere Ausnutzung der Bodenfeuchte ▪ Ausweitung des Kulturartenspektrums	▪ Erhöhte Mineralisation ▪ Erhöhter Humusabbau ▪ Verstärke CO_2-Emissionen ▪ Vermehrtes Kunststoffaufkommen ▪ Bodenabtrag
Chancen und Risiken der Maßnahme für den Energiepflanzenanbau im Klimawandel	
Chancen	Risiken
▪ Eine Ausweitung des Kulturartenspektrums wird möglich ▪ Nutzung des früheren Vegetationsbeginns unter Vermeidung des Frostrisikos ▪ Optimierung der Energiemaisproduktion ▪ Mehrere Ernten pro Jahr möglich	▪ Erhöhter Düngereinsatz durch intensivere Bewirtschaftung ▪ Verstärkter Maisanbau ▪ Ggf. steigender Krankheitsdruck ▪ Ökobilanz der Folie ist zu prüfen

6.6 Pflanzenzüchtung

In der modernen Landwirtschaft wurden in den letzten Jahrzehnten die heterogenen Ausgangsbedingungen verschiedener Standorte durch Pflanzenschutzmittel und Düngemaßnahmen auf ein Minimum reduziert. Auch die Züchtung und Selektion moderner Kulturarten findet unter diesen Bedingungen einer reduzierten Umweltvariabilität statt *(DESCLAUX et al. 2008)*. Durch die erwarteten klimatischen Veränderungen werden jedoch in Zukunft die Genotyp-Standort-Interaktionen deutlich zunehmen, so dass die gegenwärtig zentralisierte Ausrichtung der Züchtung an ihre Grenzen stoßen wird. Eine Neuausrichtung der künftigen Züchtung ist daher erforderlich *(FINCK, 2008)*.

Folgende Ansätze sind zu verfolgen:

- Zusätzlich zu den hier angepassten Sorten müssen neue **genetische Ressourcen** und **Landsorten** aus heimischen und **anderen Klimazonen** einbezogen werden. Dabei sind Pflanzen mit guter Frühentwicklung grundsätzlich konkurrenzstärker, effizienter in der Nährstoffaufnahme und auch widerstandsfähiger gegenüber bodenbürtigen Pathogenen *(WOLFE et al. 2008)*.
- Mit zunehmender klimabedingter **Variabilität** der Umwelten kommt der Definition der Anbaubedingungen und einer Berücksichtigung in der Züchtung eine stärkere Gewichtung zu *(WOLFE, et al. 2008)*. Sehr breit angepasste Getreidesorten eigenen sich z.B. nur für wenig von Stress gekennzeichnete Umwelten. Für Umwelten mit Stressfaktoren sind dagegen speziell adaptierte Sorten zu bevorzugen *(CECCARELLI, 1989)*.
- Die **Ertragsstabilität** und die **Qualitätsstabilität** sollen auch in zunehmend variablen Umwelten erhalten werden. Dabei ist Ertragsstabilität definiert als im Vergleich zu anderen Sorten hoher Ertrag über viele Umwelten hinweg *(EBERHART u. RUSSEL, 1966)*. Auch **Sortenmischungen** bieten Potenzial zur Ertragsstabilisierung *(FINCK, 2008)* und sollten verstärkt mit untersucht werden.
- Um auf die erhöhte Umweltvariation zu reagieren, sind partizipative und **dezentralisierte Züchtungsansätze** zu verfolgen. Diese haben die Züchtung **lokal angepasster Sorten** zum Ziel. Die Umsetzung kann z.B. durch eine engere Zusammenarbeit mit landwirtschaftlichen Betrieben erfolgen *(CECCARELLI et. al. 2000, SPERLING et al. 1993)*.
- Pflanzen beeinflussen je nach **Wuchsform** auch das Mikroklima. Darüber kann u.a. Einfluss auf Pathogene und Unkrautdruck genommen werden. Es sind künftig solche Genotypen oder Mischungen von Interesse, die z.B. bei Weg-

brechen von Resistenzen ein hohes krankheitsunterdrückendes Potenzial aufweisen und einen geringen Pestizideinsatz benötigen *(FINCK, 2008)*.

- Der Erhalt einer genetischen **Sortenvielfalt** bietet nach *HAMMER* und *TEKLU* (2006) die Möglichkeit, auch bei zu erwartenden variableren Klimabedingungen auf unvorhersehbare Schaderregeraufkommen besser zu reagieren, eine größere Stabilität im **Nährstoffaneignungsvermögen** zu erlagen und auf Resistenzen besser reagieren zu können. Im Bereich der Energiepflanzennutzung bietet sich die züchterische Weiterbearbeitung alter Getreidelinien mit hohem Biomassepotenzial an *(VON BUTTLAR, 1996)*.

Eignung: Eine Pflanzenzucht im Klimawandel muss auf variabler werdende Umweltbedingungen reagieren können. Die Züchtung muss daher in Zukunft das Ziel **stabiler Erträge und Qualitäten** kombinieren mit vielfältigen Eigenschaften, die zur Anpassung an die variablen Umwelten erforderlich sind, z. B. **Resistenzen, Wasseraneignungsvermögen, Wasserbedarf, Kälte- und Hitzetoleranz, Nährstoffaneignungsvermögen, Konkurrenzkraft gegenüber Beikräutern**. Die konventionelle Pflanzenzucht sollte zunehmend durch eine evolutionäre Pflanzenzüchtung, die auf standortangepasste Kreuzungspopulationen setzt, ergänzt werden. *(FINCK, 2008)*. Kreuzungspopulationen haben den Vorteil, dass auch unter nachteiligen Standortbedingungen und unter Umweltveränderungen aufgrund des Klimawandels, die Anpassungsfähigkeit und Ertragsstabilität größer sind als bei homogenen Liniensorten. Um solche Sorten in den Verkehr zu bringen, sind jedoch gesetzliche Hürden bei der Saatgutzulassung zu überwinden.

Zudem gilt es, den Anbau alternativer Pflanzen unter den hiesigen klimatischen Bedingungen zu ermöglichen. Eigene **Züchterbefragungen**[1] im Hinblick auf die Einschätzung der aktuellen Entwicklung der Energiepflanzenzüchtung im Klimawandel ergeben, dass dem Energiemais auch weiterhin die führende Stellung im **Biogassektor** zugeschrieben wird. Durch seine ursprünglich mexikanische Herkunft vereint er einen hohen Wärmeanspruch, eine gute Trockenheitsresistenz, die Vorteile einer C_4-Pflanze und eine hohe Massen- und Energieertragsleistung, die durch züchterische Bearbeitung unter deutschen Standortbedingungen erzielt wird. Da **Mais** aber an Anbaufläche deutlich zunimmt und die gesellschaftliche Akzeptanz damit einhergehend

[1] Befragung von 12 Saatzuchtunternehmen. Teilergebnisse siehe Block-Grupe, 2010

abnimmt und enge Fruchtfolgen zu zunehmenden Schädlings- und Krankheitsproblemen führen, besteht auch seitens der Züchter Interesse an alternativen Kulturen. Dazu gehören z. B. **Sorghumarten**. Potenzial wird auch der Durchwachsenden **Silphie** zugesprochen, sofern eine praktikable Saattechnik entwickelt wird.

Potenziale zur Ertragssteigerung als Energiepflanzen werden bei den Getreiden zur **Ganzpflanzensilagenutzung** sowie bei den **Zuckerrüben** als Gärsubstrat und zur Ethanolerzeugung erwartet. Vorteile von **Ackergräsern** liegen in einer guten Verdaulichkeit und hohen Zuckergehalten. Diese werden nach Ansicht der Züchter in der Praxis noch zu wenig genutzt. Fortschritte werden auch durch die Hybridzüchtung erwartet.

Bezüglich der **Biodieselerzeugung** wird in Deutschland nach Züchteraussagen auch in Zukunft der **Rapsanbau** weiter im Vordergrund stehen. Alternativen wie Sonnenblumen spielen derzeit auf dem Sektor eine untergeordnete Rolle. Da der Raps auf Frühjahrstrockenheit und erhöhte Strahlungsintensitäten mit Ertragseinbußen reagiert, soll die Toleranz gegenüber derartigen Stressfaktoren erhöht werden.

Als Zuchtmethoden zur Anpassung an den Treibhauseffekt werden aus Sicht der Züchter auch in Zukunft die konventionellen Methoden der **Zucht- und Feldselektion im Vordergrund** stehen. Die klassische Leistungsprüfung selektiert über 10 – 15 Jahre die besten Stämme unter aktuellen Klimabedingungen. Als Reaktion auf den Klimawandel wird zunehmend auch unter Low Input Bedingungen mit verminderten Düngergaben und auf Trockenstandorten gearbeitet. Moderne Verfahren wie Genmarker, InVitro oder Gentechnik werden lediglich als begleitende Instrumente gesehen. Hauptzuchtziele wie die Trockentoleranz können durch diese Verfahren nicht erfasst werden. Große Erfolge werden dagegen von der **Hybridzucht** erwartet. Bereits jetzt werden durch sie ertragsrelevante Auswirkungen von Trockenstresssituationen durch Roggen-, Raps- und Triticalehybriden deutlich abgepuffert.

Grenzen: Grenzen sind im langen **Zeithorizont** züchterischer Maßnahmen zu sehen, der i.d. Regel 10 – 15 Jahre in Anspruch nimmt. Weiter werden vorrangig Sorten mit hohem zu erwartendem Marktpotenzial gezüchtet. Die züchterische Weiterbearbeitung alter Sorten und Arten mit kleinerem Marktsegment sind daher schwerer zu etablieren, da ein großer züchterischer Aufwand einem unsicherem **Marktpotenzial** gegenüber steht.

Gesetzliche Hürden, die der verstärkten Dezentralisierung der Pflanzenzüchtung entgegenstehen, müssen abgebaut werden (*FINCK, 2008*).

Maßnahme: Pflanzenzüchtung	
Derzeitige Stärken und Schwächen der Maßnahme	
Stärken	Schwächen
▪ Hohe Wirksamkeit ▪ Hohes technisches Niveau ▪ Engmaschiges Netz für Leistungsprüfungen vorhanden ▪ Grundsätzlich für neue Kulturen offen ▪ Züchtung unter kontinentalen Bedingungen ▪ Anpassung an Klimawandel ist mit klassischer Feldselektion möglich	▪ Langer zeitlicher Vorlauf ▪ Hohe Kosten ▪ Sehr unterschiedlicher Stand der züchterischen Bearbeitung bei Energiepflanzen ▪ Schwer kalkulierbare Marktpotenziale stehen züchterischer Bearbeitung neuer Sorten entgegen ▪ Gesetzliche Hürden verhindern neue Methoden der partizipativen und evolutionären Züchtung
Chancen und Risiken der Maßnahme für den Energiepflanzenanbau im Klimawandel	
Chancen	Risiken
▪ Steigerung von Ertragspotenzial und Ertragsstabilität, Verminderung von Krankheitsanfälligkeiten bei geändertem Klima möglich ▪ Hitze- Kältetoleranzen können verstärkt werden ▪ Ertragssteigerung neuer Kulturen fördert Diversifizierung im Anbau ▪ Chancen durch Hybridzucht ▪ Gezielte Qualitätszüchtung für Bioenergiepflanzen ▪ Nutzung und Erhalt genetischer Ressourcen	▪ Langer Zeithorizont ▪ Grenzen der züchterischen Möglichkeiten bei mangelnder Wasserversorgung und Extremereignissen ▪ Resistenzen wandeln sich ▪ Derzeit nicht vorhandene Marktpotenziale können Züchtung neuer Kulturen hemmen ▪ Mais als aktuell leistungsstarker „Konkurrent“ für neue Kulturen wie Sorghum

6.7 Ökologischer Landbau

Prinzipiell gelten die erörterten Maßnahmen zur Anpassung an den Klimawandel für alle Formen der Landnutzung, sowohl für den konventionellen/integrierten als auch für den ökologischen Landbau. Der ökologische Landbau legt jedoch eine starke Betonung auf Nachhaltigkeitsprinzipien. Seine Leitlinien beinhalten eine nachhaltige Bodenbewirtschaftung, den Verzicht auf mineralischen Stickstoffdünger sowie weitgehend den Verzicht auf alle herkömmlichen synthetischen Pflanzenschutzmittel, wie Herbizide und Pestizide und das Verbot des Anbaus gentechnisch veränderter Organismen.

Die Erhaltung der Bodenfruchtbarkeit steht im Zentrum des Bemühens der ökologischen Landwirtschaft: „Diese Prinzipien sind der Boden, aus dem heraus die ökologische Landwirtschaft wächst und sich entwickelt. Sie stellen den Beitrag dar, den die ökologische Landwirtschaft für die Welt leisten kann, und eine Vision davon, wie die gesamte Landwirtschaft im globalen Kontext verbessert werden kann“ (IFOAM, 2009).

Ökologisch wirtschaftende Betriebe sind in der Regel vielseitiger strukturiert und weisen eine diverse, auf Leguminosen basierte Fruchtfolge auf, da sie weitgehend auf die Nährstoffversorgung aus dem Bodenvorrat angewiesen sind. Die organische Düngung in Verbindung mit humusmehrenden, mehrjährigen Leguminosen führt zu höheren Humusgehalten, die zu einer Verbesserung der Bodenfunktionen (Strukturstabilität des Bodens, Nährstoffspeicherkapazität des Bodens, Förderung der biologischen Bodenaktivität, Verbesserung der Infiltration und der Wasserspeicherfähigkeit des Bodens) beiträgt. Die Verbesserung der Bodenfunktionen gewinnt insbesondere vor dem Hintergrund des Klimawandels mit der Häufung extremer Witterungsereignisse für die Stabilität der Erträge eine besondere Bedeutung. Eine nachhaltig orientierte Landwirtschaft kann verstärkte Witterungsschwankungen und negative Auswirkungen des Klimas, wie z.B. Starkregen oder Trockenperioden besser kompensieren (EITZINGER et al., 2009).

Ob der ökologische Landbau auf diese Auswirkungen des Klimawandels mehr oder weniger empfindlich als der konventionelle Anbau reagiert und hinsichtlich der Anpassung Vorteile mit sich bringt, lässt sich nicht eindeutig voraussagen. Der schonende Umgang mit dem Boden könnte Biolandwirten Vorteile verschaffen, da er in der Regel zu einer höheren Bodenfruchtbarkeit, einer besseren Bodenstruktur und dadurch zu einer geringeren Empfindlichkeit gegenüber Trockenheit führt. Umgekehrt könnten Biobetriebe in Zukunft häufiger mit einem Mangel an Stickstoff zu kämpfen haben, da Trockenheit die mikrobielle Stickstoffmineralisation hemmt. Außerdem verstärken milde Winter mit vielen Niederschlägen die Stickstoffauswaschung (BLE, 2013).

Nach Hülsbergen und Küstermann (2007) besitzt der Ökolandbau ein hohes Potenzial zur C-Speicherung im Boden und zur Minderung der Emissionen von Treibhausgasen. Nach ihren vergleichenden Untersuchungen in ökologisch und integriert wirtschaftenden Betrieben wiesen die integrierten Betriebe höhere Energieinputs, um den Faktor 3 höhere flächenbezogene Treibhauspotenziale und eine Abnahme der C-Vorräte auf. In ökologisch wirtschaftenden Betrieben konnte eine C-Speicherung im Boden aufgezeigt werden. Allerdings sind die produktbezogenen Treibhausgasminderungsleistungen gegenüber dem konventionellen Anbau weniger deutlich, wobei insbesondere geringere Flächenerträge nachteilig wirken (HÜLSBERGEN u. SMITH, 2010).

Um dem Klimawandel zu begegnen sind nach Janzen (2004) insbesondere drei Strategien angeraten: Einsparung von fossilen Ressourcen, Ersatz fossiler Ressourcen durch erneuerbare Energien, Reduktion von Klimagasen und C- Bindung in Vegetation und Boden. Vor dem Hintergrund ihrer Leitlinien kommen ökologisch wirtschaftende Betriebe diesen Zielsetzungen in besonderer Weise nach.

Maßnahme: Ökologischer Landbau	
Derzeitige Stärken und Schwächen der Maßnahme	
Stärken	Schwächen
▪ Vielseitige Fruchtfolgen ▪ C-Speicherung durch humusmehrende Kulturen ▪ N-Bindung und Ernährung der Kulturen durch Leguminosenanbau ▪ Hohe biologische Aktivität im Boden ▪ Höhere Biodiversität in Fauna und Flora ▪ Relativ geringerer fossiler Energieeinsatz ▪ Verzicht auf synthetische Düngemittel und Pestizide ▪ Im Vergleich zu konventionellem Landbau geringere flächenbezogene Treibhausgasemissionen ▪ Ressourcenschonend durch weitgehende Kreislaufwirtschaft ▪ Gärreste aus vergorenen Zwischenfrüchten/ Zweitfrüchten können als schnellwirkender organischer Düngung eingesetzt werden	▪ Im Vergleich zu konventionellen Anbau geringere Erträge und produktbezogen höherer Flächenbedarf ▪ Ökolandbau stellt höhere Anforderungen an den Landwirt (Wissen, Erfahrung) ▪ Wildpflanzen beeinträchtigen den Kulturpflanzenertrag ▪ Kein „scharfes Schwert" bei Schädlingskalamitäten ▪ Im Vergleich zum konventionellen Anbau nur geringe Vorteile bezüglich des produktbezogenen Treibhausgasminderungspotenzials
Chancen und Risiken der Maßnahme für den Energiepflanzenanbau im Klimawandel	
Chancen	Risiken
▪ Höhere Kulturartenvielfalt senkt das Risiko für starke Ertragseinbrüche durch Wetterextreme ▪ Kulturen überdauern Trockenphasen besser auf Standorten mit hoher Bodenfruchtbarkeit/hohen Humusgehalten ▪ Hohe Bodenfruchtbarkeit/Humusgehalte schützen den Boden besser vor Wasser- und Winderosion	▪ Durch Trockenheit häufiger auftretender Stickstoffmangel, in mild-nassen Wintern verstärkte Nitratauswaschung ▪ Wie im konventionellen Anbau: veränderte Schädlingspopulationen, Pilz- und Unkrautspektren können Ertragsleistung beeinträchtigen

6.8 Nutzung von Agrarinformationsdiensten

Durch die Bereitstellung kontinuierlicher zielgruppengerechter und zielorientierter Informationsarbeit erfolgt eine schnelle, gezielte und prägnante Vermittlung neuer Erkenntnisse aus Forschung und Entwicklung sowie wichtiger regionaler Botschaften.

Phänologische Daten des Deutschen Wetterdienst (DWD) werden verstärkt für Trendanalysen zur Klimadiagnostik herangezogen, da sich die Eintrittsdaten vieler phänologischer Phasen sehr gut in Beziehung zu Temperaturtrends setzen lassen. Die „SOFORT-Meldedaten“ des DWD dienen primär der agrarmeteorologischen Beratung u.a. als Eingangsgröße numerischer Modelle zur Vorhersage von landwirtschaftlich bedeutsamen Ereignissen und Zuständen, wie z.B. der Bodenfeuchte, dem Wasserbedarf von Pflanzen, der Kornfeuchte oder Pflanzenkrankheiten sowie der agrarmeteorologischen Berichterstattung (*DWD, 1996*).

Der Bund und die Länder stellen eine Vielzahl an Agrarinformationsdiensten zur Verfügung. Durch den Ausbau kontinuierlicher Monitorings kann verstärkt auf Veränderungen durch den Klimawandel reagiert werden. Auch die Industrie bietet eine Vielzahl an Informationsdiensten an, die jederzeit genutzt werden kann.

Eignung: Durch Nutzung von Agrarinformationen z. B. im Hinblick auf **Insektenflug** oder die Ausbreitung von **Getreidekrankheiten,** kann sich der Praktiker auf den Informationsdienst verlassen und erst bei Erreichen von Schadschwellen relativ schnell entsprechende Pflanzenschutzmaßnahmen durchführen. Auch **Aufwuchsprognosen** für Grünlandstandorte sowie **Ernteprognosen** werden durch Informationsdienste relativ zuverlässig vorhergesagt.

In den vergangenen Jahren wurden speziell im Bereich der Phytophthora-Prognose für den Kartoffelanbau verschiedene Warndienstmodelle entwickelt. Im Vordergrund stehen Informationen zum Infektions- und Befallsgeschehen, objektive Beratungsinformationen und firmenunabhängige Fungizidempfehlungen.

Besonders geeignet sind Agrarinformationsdienste auch für Kleingärtner und für die Bevölkerung. Durch Informationsdienste können sich Laien relativ schnell vielseitige Informationen einholen bzw. der Landwirt hat die Möglichkeit, die Bevölkerung zu informieren.

Grenzen: Derzeit stehen verschiedene Informationsdienste zur Verfügung. Mit fortschreitendem Klimawandel werden sich Witterungsereignisse stärker regional differenzieren als bisher. Daher bedarf es in Zukunft eines kontinuierlichen Ausbaus des Monitorings auf regionaler Ebene, damit der Praktiker genauere Angaben als Handlungsgrundlage erhält.

Empfehlungen: Eine Weiterentwicklung der Prognosegenauigkeit für Großwetterlagen, klimatische Extremereignisse und anbaurelevante Parameter wie Kälteeinbrüche usw. sind wünschenswert. Kulturartenspezifische Empfehlungen sollten künftig auch die neuen Kulturen mit abdecken und Anhaltspunkte für besonderes wärmeliebende Pflanzen sowie den Zweitfruchtanbau ermöglichen.

Maßnahme: Nutzung Agrarinformationsdienst	
Derzeitige Stärken und Schwächen der Maßnahme	
Stärken	Schwächen
▪ Schnelle, gezielte und prägnante Vermittlung neuer Erkenntnisse aus Forschung und Entwicklung ▪ Angabe von Wuchs- und Ernteprognosen ▪ Angaben zum integrierten Pflanzenschutz ▪ Vorhersage von landwirtschaftlich bedeutsamen Ereignissen und Zuständen ▪ Auf Veränderungen durch den Klimawandel kann relativ schnell reagiert werden	▪ Überregionale Angaben ▪ Teilweise zu stark numerische Modelle ▪ Zuverlässigkeit der Angaben auf regionaler Ebene ▪ Frühzeitige Prognosen
Chancen und Risiken der Maßnahme für den Energiepflanzenanbau im Klimawandel	
Chancen	Risiken
▪ Aussaattermin u.a. des wärmeliebenden Mais kann optimal erfolgen ▪ Durch Ernteprognosen optimale Erntetermine mit optimalem TS-Gehalt möglich ▪ Regionale Informationsdienste ermöglichen Reduzierung des Pflanzenschutzmittelaufwandes ▪ Prognosen u. Empfehlungen für neue Kulturen und Zweitfruchtanbau verstärken	▪ Zu starke Abhängigkeit von Informationsdiensten ▪ Langjährige praktische Erfahrungen werden unterschätzt ▪ Keine regionalen Informationen

7 ZUSAMMENFASSUNG UND WEITERER FORSCHUNSGBEDARF

Problemstellung und Ziel der Untersuchungen:

Im Teilprojekt FE 2 „Energiepflanzen: Entwicklung von Konzepten zur Sicherung einer nachhaltigen Biomasseproduktion und Bioenergieerzeugung unter veränderten Klimabedingungen“ lag die Aufgabe des IZNE in der Bewertung der möglichen Auswirkungen der prognostizierten Klimafolgen auf den Anbau von Energiepflanzen innerhalb der Metropolregion Hannover-Braunschweig-Göttingen-Wolfsburg. Der Anbau von nachwachsenden Rohstoffen hat in der Metropolregion einen hohen Stellenwert. Daher stellt sich die Frage, wie Klimaveränderungen generell die pflanzliche Produktion in der Metropolregion beeinflussen. Sind vor dem Hintergrund des Klimawandels und durch die zu erwartende weitere Ausweitung der Anbauflächen für Energiepflanzen die multifunktionalen Aufgaben der ländlichen Räume (Nahrungs- und Futtermittelproduktion, Energieproduktion, Naturschutz, Wasserwirtschaft, Naherholung) weiterhin gesichert, oder sind steigende Nutzungskonkurrenzen die Folge? Dies wird weitgehend auch davon abhängen, ob die pflanzliche Produktion trotz Klimawandels weiterhin auf einem hohen Niveau erfolgen kann. Nur dann sind auch Energiepflanzen in der Lage, einen Beitrag zum Klimaschutz zu leisten, Nutzungskonkurrenzen zu entschärfen und die Energieversorgung der Bevölkerung aus regenerativen Quellen langfristig abzusichern. Auf der Basis der vorliegenden Klimaprognosen aus FE 1 konnten mithilfe eines pflanzenbaulichen Modellierungsprogramms die zukünftigen Ertragsentwicklungen verschiedener potenzieller Energiepflanzen abgeschätzt und darauf aufbauend an die zukünftigen klimatischen Bedingungen angepasste Fruchtfolgen und Anbaukonzepte vorgeschlagen werden.

Vorgehensweise:

Es erfolgte eine Bestandsaufnahme zur Erfassung der standörtlichen Anbaubedingungen sowie eine Beschreibung der Eigenschaften der potenziellen Energiepflanzen und eine Einschätzung ihrer Anpassungsfähigkeiten an klimatische Veränderungen auf der Basis von Züchterinterviews und Literaturstudien. Vertiefende Untersuchungen erfolgten hinsichtlich der zu erwartenden Auswirkungen des Klimas auf die Veränderungen der zur Verfügung stehenden Vegetationszeiten, die klimatisch bedingten Verschiebungen der Entwicklungsphasen der Kulturarten und die daraus resultierenden Folgen für die Biomasseerträge von Energiepflanzen. Die möglichen Folgen von

Klimaextremen auf den Ertrag wurden ebenfalls analysiert. Als Untersuchungsgebiete wurden innerhalb der Metropolregion die drei Leitgebiete Celle, Hildesheim und Göttingen ausgewählt. Für die Modellierung der zukünftigen, unter veränderten Klimabedingungen erzielbaren Pflanzenerträge wurde das Pflanzenwachstumsmodell BioSTAR für Energiepflanzen weiterentwickelt. Darauf basierend wurden Fruchtfolgevorschläge und weitere Handlungsempfehlungen zur Anpassung des Ackerbaus an den Klimawandel entwickelt. Schnittstellen bestehen zu den Arbeiten der drei weiteren Partner im FE2. Weiter wurden die pflanzenbaulichen und anbautechnischen Eingangsdaten für die von der HAWK vorgenommenen Ökobilanzierungen erarbeitet und bereitgestellt. Diese Daten standen ebenfalls für die Raumplanungen der Arbeitsgruppe GEONET zur Verfügung.

Zusammenfassung der Ergebnisse:

Erwartete Klimaänderungen: Grundlage waren die durch die Uni Hannover im Teilprojekt 1 bereitgestellten Klimadaten. Im Rahmen des Projektes wurden CLM-Klimadaten von einer Auflösung von 20x20 km auf eine Auflösung von 1x1 km regionalisiert und für drei Zeiträume, 1961-1900 (Ist-Zustand), 2021-2050 (Ende der ersten Hälfte des Jahrhunderts) und 2071-2100 (Ende der zweiten Hälfte des Jahrhunderts), Szenarien berechnet. Der Vergleich der Klimaszenarien aus den Perioden 1961-1990 und 2071-2100 ergibt für die Metropolregion einen Anstieg der Jahresdurchschnittstemperatur um ca. 3°C und eine Abnahme an Niederschlag im hydrologischen Sommerhalbjahr bis zu 17% bei nahezu konstantem Jahresniederschlag. Die durch leichte Böden mit niedriger nutzbarer Feldkapazität geprägte nördliche Metropolregion ist durch einen tendenziell höheren Temperaturanstieg bei gleichzeitig stärkerer Abnahme der Sommerniederschläge stärker vom Klimawandel betroffen. Die südliche Metropolregion mit ihren überwiegend gut wasserspeichernden Böden zeigt dagegen einen etwas weniger stark ausgeprägten Temperaturanstieg und moderateren Niederschlagsrückgang und bietet somit auch in Zukunft die besseren Standortvoraussetzungen für den Ackerbau.

Änderung der Vegetationszeiten: Bedingt durch einen künftig früheren Vegetationsbeginn im Frühjahr und ein späteres Vegetationsende im Herbst werden die Vegetationslängen in der gesamten Metropolregion in der Zukunft zunehmen. Bis zum Jahr 2100 wird die Vegetationszeit für Kulturen mit 5°C Keimtemperatur wie z. B. Wintergetreide und Zuckerrüben um rund 2 Monate und für Kulturen mit Keimtemperaturen >12 °C wie z. B. dem Sorghum um rund 1 Monat zunehmen. Ob der Vorteil einer längeren Vegetationsphase tatsächlich auch ackerbaulich genutzt werden kann, ist von weiteren Faktoren wie z.B. der Niederschlagsmenge und –verteilung, von späten Frostereignissen im Frühjahr in Extremjahren sowie der Befahrbarkeit der Flächen abhängig.

Anpassungsfähigkeiten der Kulturen im Klimawandel: Die Anpassungsmöglichkeiten unserer Ackerkulturen an klimatische Änderungen sind unterschiedlich und vielfältig. Entscheidende Größen sind eine hohe Wassereffizienz (geringer Transpirationskoeffizient), der Wasserbedarf pro Flächeneinheit sowie die Fähigkeit, Trockenphasen zu überdauern. Weiter ist bei zunehmender Sommertrockenheit der Zeitpunkt des höchsten Wasserbedarfes von Bedeutung. Winterungen werden ihren Wasserbedarf besser aus den Winterniederschlägen sichern können als Sommerungen. Auch der Zeitpunkt des Eintretens sensibler Wachstumsstadien, wie der Blüte oder der Kornfüllungsphase beim Getreide, wird im Hinblick auf die zunehmende Frühjahrstrockenheit stärker über die Kulturen- bzw. Sorteneignung entscheiden. Tiefwurzelnde Kulturen mit gutem Nährstoffaneignungsvermögen wie z. B. Zuckerrüben haben Vorteile gegenüber flachwurzelnden Kulturen. Dauerkulturen wie Gräser und schnellwachsende Baumarten können nach Trockenphasen wieder austreiben und haben i.d.R. ein hohes Regenerationspotenzial. C_4-Pflanzen wie Sorghum und Mais profitieren von höheren Wärmesummen und sind in der Lage, den Wasserbedarf pro kg Biomasse gering zu halten.

Ertragsänderungen im Klimawandel: Die Modellierung der Biomasseerträge (Ganzpflanzenerträge) für die drei Szenarienzeiträume Ist-Zustand (1961-90), A1B 2021-50 und A1B 2071-2100 erfolgte für die Kulturen Mais, Zuckerrübe, Sonnenblumen, Sorghum bicolor, Sommerweizen, Winterweizen, Wintertriticale, Winterroggen, Wintergerste sowie Raps (Kornertrag), ohne Berücksichtigung von züchterischen oder technischen Weiterentwicklungen. Es wurden in allen drei Leitgebieten sowohl Kulturen, deren Biomasseertrag durch die Klimawandel positiv beeinflusst wird, als auch solche, deren Ertragsleistung durch den Klimawandel negativ beeinflusst wird, identifiziert.

In den Leitgebieten der mittleren und südlichen Metropolregion (Hildesheim, Göttingen) ergab die Ertragsmodellierung bis 2100 klimabedingte Ertragssteigerungen für die C_4-Sommerungen Mais und Sorghum sowie die C_3- Kultur Zuckerrübe. Auch die

Ertragsleistung von Sonnenblumen wird positiv beeinflusst, allerdings nur bis zur Mitte des Jahrhunderts, danach nimmt die Ertragsleistung wieder ab. Anders sieht es bei Winterweizen, Winterroggen und Wintertriticale aus. Sie reagieren bis Mitte des Jahrhunderts noch recht stabil und zeigen dann bis zum Ende des Jahrhunderts je nach Kultur klimabedingte Ertragsrückgänge zwischen 11 und 15%. Am stärksten fällt der Ertragsrückgang bei Wintergerste sowie bei Winterraps mit Mindererträgen von über 30% aus.

Im Leitgebiet der nördlichen Metropolregion wird der Maisertrag durch den Klimawandel leicht negativ beeinflusst und ist bis zum Ende des Jahrhunderts um rund 4% rückläufig. Mit Ertragssteigerungen reagieren auch in diesem Gebiet die Kulturen Zuckerrübe, Sonnenblumen und Sorghum. Ebenfalls abweichend zu den anderen Gebieten steigen die Erträge von Winterweizen und Winterroggen bis zur Mitte des Jahrhunderts noch leicht an, bevor sie dann, wie auch bei Sommerweizen und Wintertriticale zu beobachten, rückläufige Erträge zeigen. Ebenso wie in den anderen Gebieten der Metropolregion zeigen Winterraps und Wintergerste mit mehr als 30% die deutlichsten Ertragsrückgänge.

Ertragsstabilität: Zur Bewertung der Beeinträchtigung des Biomasseertrages in extrem niederschlagsarmen Jahren wurden für die Leitgebiete Berechnungen mit einer um 30% reduzierten Niederschlagsmenge in der Vegetationszeit durchgeführt. Dies führte im Mittel der untersuchten Kulturen zu einer Ertragsminderung von 19% im Leitgebiet Göttingen, 20% im Leitgebiet Hildesheim und 23% im Leitgebiet Celle. Leichte Standorte reagieren erwartungsgemäß stärker.

Weiter wurden Mais und Roggen am Standort Celle im Hinblick auf die Ertragsstabilität bei reduzierten Niederschlägen (-10%) verglichen. Beide Kulturen weisen derzeit mit 13t/ha ein ähnliches Ertragsniveau (ohne Zusatzbewässerung) auf. Im Ergebnis führten die reduzierten Niederschlagsmengen beim Mais zu einem Ertragsrückgang um 1,8 t TM/ha und beim Roggen nur um 0,1 t TM/ha. Wird zusätzlich mit einem konstanten CO_2-Gehalt in der Atmosphäre gerechnet, so zeigt der Mais einen Ertragsrückgang um 3,6 und der Roggen um 1,4 t TM/ha. Der Roggen kann somit bei den zugrunde gelegten Anbaubedingungen als die ertragsstabilere Kultur gelten.

Weiterhin wurde für das Leitgebiet Celle untersucht, wie sich das Ertragspotenzial von Mais und Roggen bei Einsatz von Zusatzbewässerung gestaltet. Zusatzwassergaben von 1mm führten beim Mais bei allen untersuchen nFK-Klassen (63 – 263mm) zu Ertragssteigerungen bis zu 19% auf ganz leichten Standorten. Weitere Wassergaben führten nur noch zu geringfügigen Ertragsänderungen. Beim Roggen führten auch auf ganz leichten Standorten (nFK 63 mm) Zusatzwassergaben von 1 mm zu lediglich 1% Ertragsanstieg. Roggen kann somit auf leichten Standorten ohne Zusatzbewässerung durchaus einen zu Mais konkurrenzfähigen Ganzpflanzenertrag erbringen. Wird durch Zusatzbewässerung der limitierende Faktor Wasser aufgehoben, so kann der Mais daraus jedoch einen Ertragsvorteil von nahezu 20% generieren.

Folgen für die Kulturartenwahl: Im Hinblick auf die erwarteten klimatischen Anbaubedingungen im Jahr 2100 werden folgende Tendenzen für die Kulturartenwahl abgeleitet: C_4- Pflanzen wie Mais und Sorghum profitieren vom Temperaturanstieg, von einem früheren Vegetationsbeginn und längeren Vegetationszeiten. Bei den Getreidearten werden die Sommerungen zunehmend durch die Winterungen (z.B. Weizen, Roggen, Triticale) ersetzt. Diese profitieren von den Winterniederschlägen und gehen schon mit gut bestocktem Bestand zeitig ins Frühjahr. C_3- Sommerungen (z.B. Sommergerste) werden durch C_4 Pflanzen, z.B. Mais ersetzt. Die tiefwurzelnde Zuckerrübe bleibt ertragsstark im Anbau. Bei ausreichender Wasserversorgung werden aufgrund der längeren Vegetationszeit Zweikultur- Nutzungssysteme interessanter. In Energiefruchtfolgen kann z.B. Getreide-GPS vor Mais gestellt werden. Dauerkulturen mit geringen Ansprüchen an den Wasserhaushalt nehmen zu: auf schwachen Standorten Kurzumtriebsplantagen für die Energieholzbereitstellung oder Durchwachsene Silphie für die Biogas- oder BTL-Erzeugung. Bisher nicht angebaute wärmeliebende Kulturen werden zunehmend anbauwürdig, z.B. Sorghum bicolor, Sudangräser, Soja, Hartweizen und Topinambur. Sommerzwischenfrüchte und Untersaaten werden durch Winterzwischenfrüchte ersetzt, bzw. kommen gar nicht mehr zum Anbau, sofern keine Möglichkeiten der Zusatzbewässerung bestehen.

Fruchtfolgeempfehlungen im Klimawandel: Bei zunehmenden klimatischen Unsicherheiten kann durch eine vielseitige Fruchtfolgegestaltung und Sortenwahl sowie durch gestaffelte Saat- und Erntetermine das Anbaurisiko gemindert werden. Die Grundforderungen zum Erhalt der Ackerflächen in einem „guten landwirtschaftlichen und ökologischen Zustand", also die Einhaltung der Anforderungen des Bodenschutzes, insbesondere durch Sicherung einer ausgeglichenen Humusbilanz und Vermeidung von Bodenerosion sowie durch eine diversifizierte Fruchtfolgegestaltung zum Erhalt der Agrarbiodiversität bleiben zentraler Bestandteil des Ackerbaus. Umweltrisiken wie das der Bodenerosion und der Nitratverlagerung werden im Klimawandel aufgrund der stärkeren Klimaschwankungen tendenziell zunehmen. Die Standorteigenschaften, insbesondere hinsichtlich der Wasser- und Nährstoffspeicherung werden in Zukunft stärker das Ertragsergebnis beeinflussen. Eine entsprechende Ausrichtung der Fruchtfolgen und Anbauverfahren zur Vermeidung dieser potenziellen Probleme und zum Erhalt der nachhaltigen Ertragsfähigkeit des Bodens sind daher unabdingbar.

Folgende grundsätzliche Aussagen für die Gestaltung von Energiepflanzenfruchtfolgen konnten erarbeitet werden:

Prinzipiell bietet sich die Verzahnung von Marktfrucht-, Futterbau- und Energiefruchtfolgegliedern in einer Fruchtfolge für die Praxis an und ermöglicht vielfältige Optionen zum Erhalt der Humusbilanz.

Für Biogasfruchtfolgen wird durch die klimatische Veränderung eine Ergänzung der Sommerung Mais durch Sorghumarten und Sudangräser sowie durch Zuckerrüben erwartet. Unter den Winterungen sind Roggen-GPS für die schwächeren und Triticale-GPS für die besseren Standorte auch im Klimawandel zu empfehlen.

Für die Biodiesel- bzw. Rapsölerzeugung wird derzeit in der Metropolregion ganz überwiegend Winterraps angebaut. Die Rapserträge werden im Klimawandel tendenziell unsicherer, so dass der Anbau von Sonnenblumen-Korn künftig eine Alternative darstellen kann.

Zur Ethanolerzeugung wird meist das Korn der Getreidearten Winterweizen oder Winterroggen genutzt. Ergänzend ist Triticale als robuste, ertragreiche Alternative zum Weizen zu empfehlen. Sommergetreide haben schon heute für die Ethanolerzeugung eine untergeordnete Rolle und werden auch in Zukunft noch an Bedeutung verlieren. Da auf Basis der Klimaszenarien und Ertragsmodellierungen bis Ende des Jahrhunderts mit Ertragsrückgängen auch beim Wintergetreide zu rechnen ist, sollten Überlegungen hinsichtlich der Artenwahl erfolgen: Durumweizen sind z.B. gut an trocken Klimate angepasst. Weiter ist bei der Sortenwahl auf ertragsstabile Typen zu achten.

Die neuen BTL- Verfahren ermöglichen den Einsatz von Ganzpflanzen, Körnern, Stroh aber auch holzartigen Biomassen und sind daher sehr flexibel hinsichtlich der Substrate. Diese Substratflexibilität stellt auch künftig einen großen Vorteil dar, da die betrieblichen Entscheidungsspielräume erhalten bleiben.

Für Verbrennungsverfahren kommen vor allem holzartige Biomassen wie Kurzumtriebshölzer (KuP) oder auch die Strohnutzung in Frage. Der Anbau von Kurzumtriebshölzern wird gerade für schwächere Standorte zunehmend interessant. Im Anpflanzjahr muss ggf. durch Zusatzbewässerung ein gutes Anwachsen des Bestandes gesichert werden. In den Folgejahren wird der Wasserbedarf dann durch das tiefe Wurzelsystem gesichert. Mit zunehmender Trockenheit muss auf trockenheitstolerante Arten übergegangen werden. So kann die derzeit vorrangig zum Anbau kommende Pappel in Zukunft z.B. durch die Robinie ergänzt werden.

Für weitere Arten aus anderen Regionen bzw. mediterranen und subtropischen Klimaräumen wird in Zukunft bedingt Anbaupotenzial gesehen. So kann die recht trockenheitstolerante Durchwachsende Silphie, eine zur Biogaserzeugung geeignete Dauerkultur, bei züchterischer Weiterbearbeitung verstärkt zum Anbau kommen. Auch für Soja oder Topinambur werden künftig Chancen erwartet.

Mögliche Konfliktfelder bei der Anbaugestaltung:

Humusbilanz: Gegenwärtig werden der Anbau von Sommer- und Winterzwischenfrüchten sowie Untersaaten in Reihenkulturen wie Mais zum Erhalt der Humusbilanz empfohlen. Sie tragen zusätzlich zur Erosionsvermeidung, zur besseren Bodenstruktur, Steigerung der Wasserspeicherfähigkeit und Befahrbarkeit bei. Die Deckung des zusätzlichen Wasserbedarfes von Sommerzwischenfrüchten wird bei abnehmenden Sommerniederschlägen künftig problematisch, so dass von einer rückläufigen Entwicklung auszugehen ist. Winterzwischenfrüchte können dagegen die Winterniederschläge nutzen und auch Nährstoffe über Winter binden. Ob hierdurch noch bis Ende des Jahrhunderts der Anbau abgesichert werden kann, ist ungewiss und müsste vertiefend untersucht werden. Für Untersaaten stellt sich das Problem der Wasserkonkurrenz noch deutlicher dar. Begrenzte Möglichkeiten bestehen durch die Sortenwahl. Fällt der Zwischenfrucht- und Untersaatenanbau aufgrund mangelnder Wasserverfügbarkeit bis zum Jahrhundertende aus, so kann dies die Folge haben, dass verstärkt über eine Humusreproduktion durch Strohdüngung nachgedacht werden muss. Die Ganzpflanzennutzung würde dann zugunsten von Körnernutzungen ohne Strohexport zurückgedrängt werden.

Nitratverlagerung: Niederschlagsextreme können zu erhöhtem oberflächlichem Düngerabtrag in die Oberflächengewässer oder Auswaschungen ins Grundwasser führen. Auch Ertragseinbrüche in Folge von Sommertrockenheiten können zu Nitratüberschüssen führen, die über Winter potenziell auswaschungsgefährdet sind. Abnehmende Sickerwassermengen führen zudem zu höheren Sickerwasserkonzentrationen. Die Anforderungen an einen gewässerschonenden Anbau werden somit in Zukunft steigen. Parallel wird eine Umsetzung der stark austragsmindernden Maßnahmen Zwischenfrucht- und Untersaatenanbau künftig klimatisch fraglich bzw. eingeschränkt.

Erosion: Trotz recht konstanter mittlerer Jahresniederschläge wird auch in der Metropolregion eine Zunahme an extremen Einzelereignissen nicht auszuschließen sein. Zudem verschieben sich die Niederschläge in die Herbst- und Wintermonate, in denen nur teilweise schützende Vegetationsdecken auf den Äckern vorhanden sind. Somit wird auch die Erosionsgefahr im Klimawandel eher zunehmen. Zusätzliches Risikopotenzial besteht bei Starkniederschlagsereignissen nach Ernte der Hauptfrüchte in den Sommermonaten, wenn keine Zweitkultur oder Zwischenfrucht zum Anbau kommt.

Zweikulturnutzung: Die künftig längeren Vegetationszeiten lassen Vorteile für den Anbau von zwei Hauptkulturen mit Ernteziel innerhalb eines Jahres erwarten (Zweikulturnutzung). Dieser Vorteil wird sich in klimatischen Durchschnittsjahren und auf besseren Standorten mit hoher nutzbarer Feldkapazität (nFK) realisieren lassen, setzt jedoch ebenfalls die züchterische Weiterentwicklung von Sorten mit hoher Frosttoleranz und früher Abreife voraus. Auf schwachen Standorten wird die Zweitkulturnutzung durch den limitierenden Faktor Wasser wirtschaftlich unattraktiv bleiben, solange keine Zusatzbewässerung zur Verfügung steht.

Ackerbauliche Maßnahmen zur Anpassung an den Klimawandel: Die Betriebe passen sich nicht nur durch die Kulturartenwahl und Fruchtfolgegestaltung, sondern auch mit der Sortenwahl, der Bodenbearbeitung, Düngung und dem Pflanzenschutz möglichst optimal an die Anbaubedingungen an. Diese in der Praxis geläufigen Anpassungsstrategien werden auch unter dem Aspekt des Klimawandels vorrangig zum Einsatz kommen. So kann z.B. heute schon zwischen einem breiten Spektrum an Maissorten mit unterschiedlichem Reifeverhalten sowie ertrags- bzw.- stabilitätsorientierten Sorten gewählt werden. Neue Anbauoptionen, z.B. für wärmeliebende Kulturen, können in Zukunft hinzukommen. Auch hinsichtlich Düngung und Krankheits- sowie Unkrautdruck sind in Zukunft Änderungen für die Metropolregion zu erwarten. Während CO_2- und Temperaturanstieg prinzipiell eher positive Auswirkungen auf die Erträge bedingen, werden rückläufige Sommerniederschläge und zunehmende Trockenphasen die Erträge negativ beeinflussen. Regionale Unterschiede werden künftig die Ertragsleistungen stärker prägen. Die derzeit zur Verfügung stehenden ackerbaulichen Maßnahmen zur Sicherung der Ertragsleistung und künftige Entwicklungen im technischen Bereich sowie der Pflanzenzüchtung sollten zur Ertragssicherung ergriffen werden. Sie können, Extremsituationen ausgeschlossen, klimatisch bedingte Ertragseinbußen kompensieren.

Vorschläge für die wichtigsten Anpassungsmaßnahmen wurden entwickelt und eine Stärken- Schwächen, Chancen- Risiken- Bewertung (SWOT ANALYSE) durchgeführt. Bewertet wurden Maßnahmen zur Fruchtarten- und Sortenwahl, der Fruchtfolgegestaltung, Vorschläge zum angepassten Dünge- und Pflanzenschutzmanagement, Verfahren der Bodenbearbeitung von wendend bis pfluglos sowie weitere Anbauverfahren, wie Eng- und Untersaaten, Folien- und Dammanbauverfahren. Darüber hinaus wurde auf die Bedeutung züchterischer Weiterentwicklung hingewiesen und verbesserte Anbauempfehlungen durch Agarwetterdienste angeregt.

Weiterer Forschungsbedarf besteht in folgenden Bereichen:

Pflanzenwachstumsmodellierung: Optimierungs- und weiterer Entwicklungsbedarf besteht hinsichtlich einer weitergehenden Differenzierung der meteorologischen Eingangsdaten, wobei der Berücksichtigung von klimatischen Extrembedingungen und der Steuerung von Tageswerten Bedeutung zukommt. Weiter sind die pflanzenphysiologischen Eingangsdaten insbesondere für die neu in die Modellierung mit

BioSTAR aufgenommenen Kulturen weiter zu präzisieren und zu validieren. Dies wird für die Kulturen Raps, Zuckerrüben, Sorghum und Wintergerste und für die Dauerkultur Silphium perfoliatum L. empfohlen. Weitere derzeit nicht betrachtete Kulturen sollten hinzugenommen und Bewertungsmodule für den Zwischenfruchtanbau, Untersaaten und Dauerkulturen mittelfristig ergänzt werden.

Übertragbarkeit: Um die getroffenen Aussagen zu festigen und die Übertragbarkeit der Ergebnisse zu erhöhen, wären vertiefende Untersuchungen und Berechnungen von Ertragsszenarien für weitere Standortbedingungen sinnvoll. Im Ergebnis könnten die derzeitigen Unsicherheiten bei den Ertragsprognosen weiter abgebaut und konkrete Handlungsempfehlungen ausgesprochen werden.

Ertragsstabilität: Die Frage der Ertragsstabilität des Kornertrages im Vergleich zum Ganzpflanzenertrag kann vor dem Hintergrund des Klimawandels eine wichtige Bedeutung erlangen. Hier wären für die Zukunft insbesondere für die Kulturen, die sowohl eine Körner- als auch eine Ganzpflanzennutzung zulassen (Getreidearten, Sonnenblumen, ggf. Mais- und Sorghumarten), weiterführende Untersuchungen unter Berücksichtigung unterschiedlicher Klimabedingungen erforderlich. Auch die Pflanzenzüchtung sollte die Ertragsstabilität sowie regional angepasste Sorten stärker im Fokus haben. Hierbei kann eine evolutionäre und partizipative Neuausrichtung der Pflanzenzüchtung einen wichtigen Beitrag liefern.

Maßnahmenentwicklung für die Praxis: Eine Reihe möglicher Handlungsempfehlungen zur Begegnung negativer Auswirkungen des Klimawandels wurden im Rahmen des Projektes vorgestellt und bewertet. Deutlich wurde, dass vielfach noch ein standortbezogener Konkretisierungsbedarf besteht. Auch die Literatur liefert nur bedingt konkrete Empfehlungen. Besonders für die Betriebsebene fehlen noch konkrete Handlungsempfehlungen. Der Entwicklung von Evaluierungskriterien zur Bewertung von Umweltleistungen und deren Kosten ist voranzutreiben. Hier besteht ein großes Handlungsfeld, wenn in Zukunft ackerbauliche Maßnahmen zum Klimaschutz auch Gegenstand von EU-Agrar- und Umweltmaßnahmen werden sollen, wie dies derzeit vorgesehen ist.

Umweltbewertung von Fruchtfolgen: Für die aggregierte Bewertung von Umweltfolgen für vollständige Fruchtfolgen sind komplexe Zusammenhänge zu beachten. Im Vorhaben wurden hierzu Ansätze entwickelt, die auf der Basis von vorliegenden Daten zum Klimawandel, der Modellierungen von Erträgen und Expertenwissen beruhen. Weiterer Forschungsbedarf besteht hinsichtlich der Möglichkeiten einer Operationalisierung der bisherigen Erkenntnisse, die in konkrete Handlungsempfehlungen für die Beratung und Praxis münden. Ergänzend zu aufwändigen Ökosystemanalysen werden in Zukunft digitale Lösungen zur Auswertung komplexer Zusammenhänge entwickelt werden müssen, die auch in der Beratungspraxis einsetzbar sind. Auf der Verwaltungsebene sollten insbesondere die Zuständigkeiten für Klima-, Wasser- und Bodenschutz stärker zusammengeführt werden.

8 ABSTRACT

A comparison of climate scenarios for the metropolitan region between 1961-1990 and 2071-2100 reveals an increase in annual average temperatures of about 3°C and a decrease in precipitation levels in the hydrological summer half-year of up to 17% with nearly constant annual precipitation.

Due to the earlier start of vegetation in spring and the later termination in fall, the vegetation times for cultures with 5°C germination temperature, such as winter wheat and sugar beet are expected to be prolonged for two months, whereas cultures with germination temperatures >12°C such as Sorghum bicolor, extend their vegetation period by one month. The true indications of such extended growth, and its implications for agriculture, remain to be explained.

The crop model for the assessment of biomass potentials (BioSTAR) predicts climate-induced increases for C_4-summer maize and Sorghum, as well as C_3-sugar beet cultures by 2100 in central and southern metropolitan regions with good soil conditions (without consideration of breeding or technical progress). The yield potential of sunflowers is also likely to increase, although only until the middle of the century. Winter wheat, and winter rye, as well as winter triticale remain relatively stable until the middle of the century but show climate-induced crop yield declines of 11 to 15% towards the end of the century, depending on the crop species. The highest yield decline is for winter barley and rapeseed, with yield loss of over 30%.

In the northern metropolitan region with lower soil quality and less precipitation, maize yield will be negatively impacted due to the climate change towards the end of the century. Winter wheat and winter rye yields increase slightly until the middle of the century, after which they decrease in yield just like summer wheat and winter triticale. Winter rapeseed and winter barley in the northern metropolitan region display the highest yield decreases, which are comparable to those in the central and southern areas of the metropolitan region.

In extreme years with below average precipitation (-10%), the maize yield is more severely reduced than that of winter rye, although with additional irrigation, the yield of maize recovers and exceeds that of rye.

Energy crop rotations will be restored by plants from Mediterranean and sub-tropical regions such as Sorghum, Topinambur and Amaranth. Having a wide variety of such cultures brings about a high potential for adaptation. Winter cereals will have better cultivation requirements than summer cereals. The choice of climate-tolerant varieties with high water efficiency can help to avert lower yields in the future.

Further measures to adapt to climate change consist in using specialized fertilizer and crop protection methods as well as setting up stronger water-conservation methods in crop cultivation like the practice of a reduced soil preparation. Adequate plant breeding for future climate conditions offers further perspectives to counteract climate change.

The environmental impacts of climate change on crop production have to be reassessed. There are increasing risks to be expected for the humus reproduction, nitrate leaching and erosion hazards. Further evidence is given in this research.

9 LITERATURVERZEICHNIS

AUFHAMMER, W. 1999: Mischfruchtanbau von Getreide und anderen Körnerfruchtarten. Ulmer Verlag, Stuttgart.

AZAM-ALI, S.N., N.M.J. CROUT, R. G. BRADLEY, 1994: Perspectives in modelling resource capture by crops. Chapter in "Resource Capture by Crops". Proceedings of the 52nd University of Nottingham Easter School pp. 125-148. Nottingham University Press, UK.

BALL, B.C., SCOTT. A., PARKER, J.P.1999: Field N_2O, CO_2 and CH_4 fluxes in relation to tillage, compaction and soil quality in Scotland. Soil and Tillage Research 53: 29-39

BAUBÖCK, R., 2010: BioSTAR: A simple crop model for the assessment of biomass potentials in Lower Saxony, Germany. In: Integration of Environmental Information in Europe, Tagungsband *EnviroInfo 2010 Greve, K. und A. B. Cremers (Hrsg), Aachen 2010, pp. 628-640*

BAUBÖCK, R., 2013: GIS-gestützte Modellierung und Analyse von Agrar-Biomassepotenzialen in Niedersachsen –Einführung in das Pflanzenmodell BioSTAR. Dissertation Universität Göttingen. Online: (http://hdl.handle.net/11858/00-1735-0000-000E-0ABB-9)

BISCHOFF, J., RÜCKNAGEL, U., HOFMANN, B. 2010: Internet: www.klima-bob.de

BLE, 2013: Klimawandel – was er für die Landwirtschaft bedeutet. Abruf vom 24.5.2013 unter: http://www.oekolandbau.de/erzeuger/grundlagen/umweltleistungen/klimawandel-was-er-fuer-die-landwirtschaft-bedeutet/

BLOCK-GRUPE, G. 2010: Aspekte der Pflanzenzüchtung im Hinblick auf zukünftige Standortanforderungen und Ertragsleistungen von Energiepflanzen unter besonderer Berücksichtigung des Klimawandels. Univ. Göttingen, Inst. f. Agrarökonomie und Rurale Entwicklung. Bacelorarbeit.

BUNDESMINISTERIUM DER JUSTIZ, 1998: (Gesetz zum Schutz vor schädlichen Bodenveränderungen und zur Sanierung von Altlasten (Bundes-Bodenschutzgesetz - BBodSchG) BBodSchG Ausfertigungsdatum: 17.03.1998

BUTTLAR von C. 1996: Erhaltung pflanzengenetischer Ressourcen über den Weg der energetischen Nutzung von Ganzpflanzen – am Beispiel von „Wintergerste". Hrsg. Cuvillier Verlag Göttingen

BUTTLAR VON, C., DIETZE, M. 2006: Mischfruchtanbau in KTBL Datensammlung Energiepflanzen, 2006, Kap. VII S. 355-356. Hrsg. KTBL und ATB

BUTTLAR VON, C., KRÄLING, B., RODE, A., MUND, H., ROSKAM, A. 2010: Energiepflanzenanbau, Betrieb von Biogasanlagen und Gärrestmanagement unter den Anforderungen des Gewässerschutzes. Niedersächsisches Modell- und Pilotvorhaben. Schriftenreihe Grundwasser Band 10. Hrsg. Niedersächsischer Landesbetrieb für Wasserwirtschaft, Küsten- und Naturschutz NLWKN.

CECCARELLI, S. 1989: Wide adaption: how wide? Euphytica 40: 197-205

CECCARELLI, S., GRANDO, S., TUTWILER, R.; BAHA, J.; MARTINI, A.M.; SALAHIEH, H., GOODCHILD, A., MICHAEL, M. 2000: A methodological study on participatory plant breeding. I. Selection phase. Euphytica 111: 91-104

CHMIELEWSKI, F.- M., 2007a: Phänologie – ein Indikator zur Beurteilung der Auswirkungen von Klimaänderungen auf die Biosphäre. promet **33**, 1/2, 28 – 35.

CHMIELEWSKI, F.-M., 2007b: Folgen des Klimawandels für Land- und Forstwirtschaft, In: Wilfried Endlicher, Friedrich-Wilhelm Gerstengarbe: Der Klimawandel - Einblicke, Rückblicke und Ausblicke, S. 75-85

DESCLAUX, D.; NOLOT, J.; CHIFFOLEAU, Y.; GOZE, E.; LECLERC, C. 2008: Changes in the concept of genotype-environment interactions to fit agriculture diversification and decentralized participatory plant breeding: plurydisciplinary point of view. Euphytica 163: 533-546. http://dx.doi.org/10.1007/s10681-008-9717-2

DIETZE, M., FRITZ, M. 2008: Mischfruchtanbau als Low-Input-System zur Biomasseproduktion. Forum New Power S. 21

DRESSLER,D. UND LOEWEN, A. 2011: Klimafolgenmanagement in der Metropolregion Hannover-Braunschweig-Göttingen. Ganzheitliche Bewertung regional angepasster Bioenergiekonzepte unter dem Aspekt des Klimawandels. in Geo Berichte, S. 59-72., LBEG (Hrsg.)

DVWK, MERKBLÄTTER ZUR WASSERWIRTSCHAFT, 1996: Ermittlung der Verdunstung von Land- und Wasserflächen. 238/1996

DWA 2010: MERKBLATT NR. 907 " Erzeugung von Biomasse und Verwertung von Gärresten unter der Berücksichtigung des boden- und Gewässerschutzes" Hrsg: DWA Deutsche Vereinigung für Wasserwirtschaft, Abwasser und Abfall e.V., Hennef.

DWD, 1996: www.dwd.de

EBERHART, S.A.; RUSSEL, W.A. 1966: Stability parameters for comparing yield. Crop Sience 6: 36-40.

EHLERS, W. 1996: Wasser in Boden und Pflanze. Dynamik des Wasserhaushalts als Grundlage von Pflanzenwachstum und Ertrag. Verlag Eugen Ulmer, Stuttgart.

EITZINGER, J., FREYER, B., FRIEDEL, J. IN EITZINGER, J., KERSEBAUM, K. C. UND FORMAYER, H. 2009: Landwirtschaft im Klimawandel. Agri Media GmbH, 2009. ISBN 978-3-86037-378-1.

ENVIROINFO 2010, Bonn. Greve, K. und A. B. Cremers (Hrsg.). Shaker Verlag Aachen.

ESTLER, M., KNITTEL, H. 1996: Praktische Bodenbearbeitung, Verlags-Union Agrar.

FINCK. M. 2008: Reaktionsmöglichkeiten auf den Klimawandel durch Pflanzenzüchtung und Sortenwahl. In: Tagungsband Klimawandel und Ökolandbau KTBL Tagung 1-2.12.2008 in Göttingen, KTBL Hrsg. S.160-175.

FLESSA, H., MÜLLER D., PLASSMANN K., OSTERBURG B., TECHEN A.-K., NITSCH., NIEBERG H.,SANDERS J., MEYER ZU HARTLAGE O., BECKMANN E., ANSPACH V. 2012: Studie zur Vorbereitung einer effizienten und gut abgestimmten Klimaschutzpolitik für den Agrarsektor, Sonderheft 361, Landbauforschung vTI Agriculture and Forestry Research

GEISLER, G. (1988): Ertragsphysiologie von Kulturarten des gemäßigten Klimas, Paul Parey, Berlin und Hamburg.

GEROWITT, B., STRUCK, C. 2008: Klimawandel und phytomedizinische Risiken. In KTBL Tagungsband Klimawandel und Ökolandbau, Situation, Anpassungsstrategien und Forschungsbedarf. Tagung am 2.-3.12.2008 in Göttingen KTBL-Schrift 472, S. 176-185.

GESELLSCHAFT FÜR KONSVERVIERENDE BODENBEARBEITUNG (gkb) 2011: Abruf 5/2011 unter: www.gkb-ev.de/konservierend/%F6kologische%20Vorteile.pdf

GROSS, G., 2007: Klimaperspektiven für das 21. Jahrhundert. Vorträge für Pflanzenzüchtung 72, 9 – 14

HAMMER, K.; TEKLU, Y. 2006: Erhaltungsstrategien pflanzengenetischer Ressourcen-die PGR-Bewegung und was dann? Vorträge Pflanzenzüchtung 70: 7-15

HOFFMANN-BAHNSEN,R. 2011: www.umwelt.sachsen.de/lfulg/download/140108_Hoffmann_Bahnsen.pdf 6/2011

HÜLSBERGEN, K.-J., KÜSTERMANN, B. 2007: Ökologischer Landbau – Beitrag zum Klimaschutz. In Wiesinger, K. (Hrsg.) Angewandte Forschung und Beratung für den ökologischen Landbau in Bayern, Bayrische Landesanstalt für Landwirtschaft, Freising, Schriftenreihe der Bayrischen Landesanstalt für Landwirtschaft. Nr. 3, S. 9 – 21.

HÜLSBERGEN, K.-J., SCHMID, H. 2010: Treibhausgasemissionen ökologischer und konventioneller Betriebssysteme. in: Emissionen landwirtschaftliche genutzter Böden. KTBL-Schrift 483, KTBL-vTi Tagung 8.-10. 12.2010 in Bad Staffelstein. S. 229-244

IFOAM, 2009: http://www.ifoam.org/germanversion/ifoam/prinzipien_des_oekolandbaus.html.

IPCC, 2007: IPCC Special Report on Emissions Scenarios (SRES): Chapter 4: An Overview of Scenarios

JANZEN, H.H. 2004: in Hülsbergen, K.-J., Küstermann, B. (2007): Ökologischer Landbau – Beitrag zum Klimaschutz. In Wiesinger, K. (Hrsg.) Angewandte Forschung und Beratung für den ökologischen Landbau in Bayern, Bayrische Landesanstalt für Landwirtschaft, Freising, Schriftenreihe der Bayrischen Landesanstalt für Landwirtschaft. Nr. 3, S. 9 – 21.

JOREK, B. 2011: Biozuckerrüben in Dammkultur, Feldtag Gut Deesberg unter: http://www.oeko-komp.de/index.php?id=2139&languageid=1

JUROSZEK, P.; SIEBOLD M; VON TIEDEMANN, A. 2009: Klimafolgenforschung in der Pflanzenproduktion. In: Tagungsband 21 der "Mitteilungen der Gesellschaft für Pflanzenbauwissenschaften" S. 169-170. Link: http://www.gpw.uni-bonn.de/pdf/publikation/Tagungsband_2009.pdf

KARPENSTEIN-MACHAN, M. 1997: Konzepte für den Energiepflanzenanbau. DLG-Verlags-GmbH, Frankfurt, 1997, ISBN: 3-7690-0546-5

KARPENSTEIN-MACHAN, M. 2005: Energiepflanzenanbau für Biogasanlagenbetreiber. DLG-Verlag, Frankfurt a. M.

KARPENSTEIN-MACHAN, M. , BUTTLAR VON, C. 2012: Auswirkungen des Klimawandels auf die Phänologie der landwirtschaftlichen Kulturen in Niedersachsen – Möglichkeiten der Anpassung am Beispiel des Energiepflanzenanbaus in der Metropolregion Hannover-Braunschweig-Göttingen. Berichte über Landwirtschaft. Bd. 90 (3),S. 335-353.

KARPENSTEIN-MACHAN, M., WEBER, C. 2010: Energiepflanzenanbau für Biogasanlagen: Veränderung der Fruchtfolgen und der Bewirtschaftung von Ackerflächen in Niedersachsen. Naturschutz und Landschaftsplanung 42 (10), 313 – 320.

KARPENSTEIN-MACHAN, M., ZIMMERMANN, T, MUSSHOFF, O. 2013: Ökonomische und pflanzenbauliche Optimierung des Anbaus von Nahrungs-, Futter- und Energiepflanzen mit Unterstützung eines Linearen Programmierungsmodells. Eingereicht in Berichte über Landwirtschaft.

KLINGENHAGEN G. 2010: Achten Sie auf Unkraut-Exoten in Getreide! top agrar 1/2010, S. 80-83.

KÖPKE, U. 2008: Anpassungsmöglichkeiten an den Klimawandel durch Bodenbearbeitung und Fruchtfolge. In Klimawandel und Ökolandbau, Situation, Anpassungsstrategien und Forschungsbedarf. KTBL Tagungsband 1-2.12.2008 in Göttingen. S. 141-153. Hrsg. KTBL

KRAUSE, A. GROß, G. 2011: Beitrag „Auswirkungen des Klimawandels auf die Metropolregion“ in LBEG-Schriftenreihe Geoberichte 18: Klimafolgenmanagement in der Metropolregion Hannover- Braunschweig- Göttingen. Hrsg.: Landesamt für Bergbau, Energie und Geologie Niedersachsen-LBEG. S. 8 – 22.

KREITMAYR, J., 2004: Bedeutung standortangepasster Bodenbearbeitungs- und Bestellverfahren für den Bodenschutz

KTBL, 1993 Definition und Einordnung von Verfahren der Bodenbearbeitung Bestellung. KTBL-Arbeitsblatt Nr. 0236.: Hrsg. KTBL

LENSSEN, C., MÜLLER, U. 2010: Einfluss des Klimawandels auf Standortpotenziale von Bioenergiepflanzen in der Metropolregion Hannover – Braunschweig- Göttingen. In LBEG (Hrsg.): Klimafolgenmanagement in der Metropolregion Hannover-Braunschweig-Göttingen. S. 23-39

MEINLSCHMIDT, E.; SCHRÖDER, G. 2009: Wärme fördert neue Unkräuter. In: DLG-Mitteilungen 1/2009, S. 54-56.

MERSCH, I. 2010: Potenziale zur Substitution von Grundwasser für die Feldberegnung – „Wasser wächst auf Feldern“ Teilprojekt 3, Feldberegnung in. LBEG (Hrsg.): Klimafolgenmanagement in der Metropolregion Hannover-Braunschweig-Göttingen. S. 86-102

MERTHA, M.SEIDLER, C., FJODOROWA, T. 2006: Estimation of evaporation components in agricultural crops. Biologia. Bratislava, 61/Suppl. 19, pp. 280 – 283

METZ, R., CHMIELEWSKI, F.-M., GÜNTHER, R., HENTSCHEL, K.-D. (2004): Das große Krabbeln: Wie der Klimawandel die Populationsentwicklung wichtiger Schaderreger beeinflusst. In: NEUE LANDWIRTSCHAFT 6. S. 36 – 40.

MEYER-SCHATZ, F. 2010: Gewässerschutzberatung in Schleswig- Holstein-Untersaaten in Silomais. Bauernblatt Schleswig-Holstein. 14.5.2011. S- 11-13

MÜLLER-THOMSEN, U. 2010: Silomais mit engem Reihenabstand anbauen, Bauernblatt Schleswig-Holstein 3 April 2010, S10 -11

NIEDERSÄCHSISCHES LANDESAMT FÜR STATISTIK, 2008: Anbaustatistik 1999 und 2007 nach Landkreisen

NIEDERSÄCHSISCHES LANDESAMT FÜR STATISTIK, 2010: Ertragsstatistik 1999 bis 2008 nach Landkreisen

NITSCH, H.; OSTERBURG B.; VON BUTTLAR, C.; VON BUTTLAR, H.B. 2008: Aspekte des Gewässerschutzes und der Gewässernutzung beim Anbau von Energiepflanzen. Studie im Auftrag des Umweltbundesamtes. Veröffentlicht in Arbeitsberichte aus der vTI-Agrarökonomie 3/2008 <http://www.vti.bund.de/de/institute/lr/publikationen/ bereich/ab_03_2008_de.pdf>

PENNING DE VRIES, F.W.T., JANSEN, D.M., TEN BERGE, H.F.M., BAKEMA, A. 1989: Simulation of ecophysiological processes of growth in several annual crops. Simulation Monographs 29, Pudoc, WAGENINGEN

RECKLEBEN, Y. 2009: Anbausysteme für Mais, Welcher Reihenabstand ist der Richtige? Landpost, Seite 38-40, November 2009

REICH., J. et. al. 2006: Standpunkt zur pfluglosen Bodenbewirtschaftung in Thüringen, TLL Hrsg.

ROLFSMEYER, A. 2011: Eine besondere Form des Ackerbaus – Die Dammkultur nach Julian Mayor. unter:http://www.gut-deesberg.de/page.php?linkId=2&subLinkId=22&PHPSESSID=gumttocqj rbb7ggfs5q8qitd67

SCHALLER, M. & WEIGEL, H-J., 2007: Analyse des Sachstands zu Auswirkungen von Klimaveränderungen auf die deutsche Landwirtschaft und Maßnahmen zur Anpassung. In: Landbauforschung, Sonderheft 316.

SCHNITTENHELM S. 2008: Standortangepasste Anbausysteme für Energiepflanzen, Kap. 4.1, 2008. Hrsg. FNR, Gülzow

SEIDEL, P. 2010: Der Klimawandel und die Schneckenplage, Stand 03.08.2010 Link: http://klimaps.jki.bund.de/Ansicht.action?artikel_id=129&suchtext=bioenergie&autortexte=

SIX, J.; FELLER, C.; DENEF, K.; OGLE, S.M., de MORADES Sa, J.C.; ALBRECHT, A. 2002: Soil organic matter, biota and aggregation in temperate an tropical soils – Effects of no – Tillage. Agronomie 22: S. 755-775

SKIBA, U. von DIJK, S. BALL, B .C. 2002: The influence of tillage on NO and N_2O fluxes under spring and winter barley. Soil Use and management 18: 340-435

SMITH, P, POWLSON, D.S, GLENDINING, M.J, SMITH, JOU 1998: Preliminary estimates of the potential for carbon mitigation in European soils through no-till farming. Global Change Biology 4, 679-685

SPERLING, L.; LOEVINSOHN, M.E.; Ntabomvura, B. 1993: Rethinking the farmers role in Plant breeding: Local bean experts an on-station selection in Rwanda. Experimental Agriculture 29: 509-519

STÜLPNAGEL, R. 2007: in FNR, Schriftenreihe Nachwachsende Rohstoffe, Symposium Energiepflanzen 2007, Standortvergleiche zum Zweikulturnutzungssystem

STÜLPNAGEL, R. BUTTLAR VON C. 2008: in FNR, Standortangepasste Anbausysteme für Energiepflanzen (Kap. 3.4.1)

STÜLPNAGEL, R.; BUTTLAR VON, C.; HEUSER, R.; WACHENDORF, M. 2009; Systemversuch zum Zweikultur-Nutzungssystem auf sechs Standorten im Bundesgebiet. Abschlussbericht (Hrsg: FNR).

SUTOR, P. 2007: Strategien zur Stärkung einer nachhaltigen und wettbewerbsfähigen Landbewirtschaftung in Bayern, Kartoffel- und Gemüseproduktion in Bayern: Wege in die Zukunft, Anpassung an neue Märkte, S. 65 - 83

THÜRINGER LANDESANSTALT FÜR LANDWIRTSCHAFT, 2010: Klimawandel und Landwirtschaft, Anpassungsstrategien im Bereich Pflanzenbau. http://www.tll.de/ainfo/pdf/kwan0608.pdf

TIEDEMANN A. V., ULBER, B. 2008: Verändertes Auftreten von Krankheiten und Schädlingen durch Klimaschwankungen. In: Tiedemann A v, Heitefuss R, Feldmann F (Hrsg.): Pflanzenproduktion im Wandel – Wandel im Pflanzenschutz. Deutsche Phytomedizinische Gesellschaft, Braunschweig, Germany

TLL 2008: ANBAUTELEGRAMM DURCHWACHSENDE SILPHIE (04/2008); Thüringer Landesanstalt für Landwirtschaft, URL:http://www.tll.de/ainfo/pdf/silp0208.pdf Zugriff: 25.07.2009

TLL 2008: Anbautelegramm Kurzumtriebsplantagen http://www.tll.de/ainfo/skndx27.htm?key=Kurzumtriebsplantage

TRIEBE S., 2007: Reduktion von Treibhausgasemissionen aus der Landwirtschaft. Dargestellt für die Bundesländer Brandenburg und Niedersachsen. Josef Eul Verlag, Lohmar

VERBAND DER LANDWIRTSCHAFTSKAMMERN, 2010: Klimawandel und Landwirtschaft. Anpassungsstrategien im Bereich Pflanzenbau.

VINTEN, A.J.A.; BALL, B. C., O´SULLIVAN, M.F. HENSHALL, J.K. 2002: The effects of cultivation method, fertilizer input and previous sward type on organic CtN storage an gaseous losses under spring an winter barley following long- term leys. Journal of Botany 97: S 839-855

VO (EG) NR. 796/2004: Cross Compliance, 2004: Agenda 2000, Luxemburger Beschlusse, Durchführungsverordnung VO (EG) Nr. 796/2004.

VOGT, M., KIRCHNER, M., 2006: Hinweise zur pfluglosen Bodenbearbeitung. Landesbetrieb Landwirtschaft Hessen

WILLMS, M.; HUFNAGEL, J.; EULENSTEIN, F.; WAGNER, B.; VETTER, A. 2007: Humus- und Stickstoffbilanzen beim Anbau von Energiepflanzen. In: Mitteilungen der Deutschen Bodenkundlichen Gesellschaft 110(2): S. 635-636.

WOLFE, M.; BARESEL, J.; DESCLEAUX, D.; GOLDRINGER, I.; HOAD, S.; KOVACS, G. LÖSCHENBERGER, F., MIEDANER, T.; OSTERGAARD, H.; LAMMERTS VAN BUEREN, E. 2008: Developments in breeding cereals for organic agriculture. Euphytica 163: 323-346 http://dx.doi.org/10.1007/s10681-008-9690-9

ERDSICHT - EINBLICKE IN GEOGRAPHISCHE UND GEOINFORMATIONSTECHNISCHE ARBEITSWEISEN

Schriftenreihe des Geographischen Instituts der Universität Göttingen, Abteilung Kartographie, GIS und Fernerkundung

Herausgegeben von Prof. Dr. Martin Kappas

ISSN 1614-4716

1 *Claudia Sültmann*
GIS- und Satellitenbildgestützte Landnutzungsklassifikation mit Change detection im Westen der Côte d'Ivoire
ISBN 3-89821-356-0

2 *Katharina Feiden*
GIS - gestützte Analyse der zeitlichen und räumlichen Verteilung der Niederschlagsjahressummen (1961 - 1990) in der Dominikanischen Republik
Charakteristika und Trends
ISBN 3-89821-368-4

3 *Nicole Erler*
GIS- und fernerkundungsgestützte Bewertung von „Natural Hazards" im oberen Einzugsgebiet des Rio Yaque del Norte (Dominikanische Republik)
ISBN 3-89821-409-5

4 *Martin Kappas, Frank Schöggl*
Bodenerosion in der Dominikanischen Republik
Eine vergleichende Studie zum Bodenabtrag auf Argrarflächen mit und ohne Erosionschutzmassnahmen
ISBN 3-89821-423-0

5 *Randy Thomsen*
Change Detection – fernerkundungsgestützte Methoden zur Ableitung des Landnutzungswandels in den Tropen (Fallbeispiel Dominikanische Republik)
ISBN 3-89821-433-8

6 *Sören Steinbach*
Visualisierung und Quantifizierung von Überschwemmungsbereichen am Mittellauf der Elbe
GIS-gestützte Modellierung von Überschwemmungen
ISBN 3-89821-530-X

7 *Jobst Augustin*
Das Seegangsklima der Ostsee zwischen 1958 und 2002 auf Grundlage numerischer Daten
ISBN 3-89821-572-5

8 *Martin Kappas*
Naturraumpotential und Landnutzung im Oudalan – eine Fallstudie aus dem Sahel Burkina Fasos zur Anwendbarkeit von Fernerkundungsmethoden im regionalen Maßstab
ISBN 3-89821-664-0

9 *Ortwin Kessels*
Qualitätsanalyse verschiedener digitaler Geländemodelle und deren Eignung für die Prozessierung von Satellitenbilddaten in den Tropen
ISBN 3-89821-603-9

10 *Christian Knieper*
Remote Sensing Based Analysis of Land Cover and Land Cover Change in Central Sulawesi, Indonesia
ISBN 3-89821-646-2

11 *Mareike Lehrling*
Klimaentwicklung in Alaska - eine GIS-gestützte Erfassung und Analyse der raum-zeitlichen Entwicklung von Temperatur und Niederschlag
ISBN 3-89821-670-5

12 *Daniel Karthe*
Trinkwasser in Calcutta
Versorgungsproblematik einer indischen Megastadt
ISBN 3-89821-661-6

13 *Enrico Kalb*
Landnutzungsinterpretation und Erosionsmodellierung der Küstenregion von Nordost Bali, Indonesien
ISBN 3-89821-666-7

14 *Anke Gleitsmann*
Exploiting the Spatial Information in High Resolution Satellite Data and Utilising Multi-Source Data for Tropical Mountain Forest and Land Cover Mapping
ISBN 3-89821-727-2

15 *Arno Krause*
Einführung eines GIS für die Landwirtschaftsverwaltungen der BRD auf Grundlage EU-rechtlicher und nationaler Verordnungen
unter besonderer Berücksichtigung des Bundeslandes Mecklenburg-Vorpommern
ISBN 3-89821-738-8

16 *Pavel Propastin*
Remote sensing based study on vegetation dynamics in dry lands of Kazakhstan
ISBN 978-3-89821-823-8

17 *Matthias Stähle*
Trinkwasser in Delhi
Versorgungsproblematik einer indischen Megastadt
ISBN 978-3-89821-827-6

18 *Roland Bauböck*
Bioenergie im Landkreis Göttingen
GIS-gestützte Biomassepotentialabschätzung anhand ausgewählter Kulturen, Triticale und Mais
ISBN 978-3-89821-959-4

19 *Wahib Sahwan*
Geomorphologische Untersuchungen mittels GIS- und Fernerkundungsverfahren unter Berücksichtigung hydrogeologischer Fragestellungen
Fallbeispiele aus Nordwest Syrien
ISBN 978-3-8382-0094-1

20 *Julia Krimkowski*
Das Vordringen der Malaria nach Mitteleuropa im Zuge der Klimaerwärmung
Fallbeispiel Deutschland
ISBN 978-3-8382-0312-6

21 *Julia Kubanek*
Comparison of GIS-based and High Resolution Satellite Imagery Population Modeling
A Case Study for Istanbul
ISBN 978-3-8382-0306-5

22 *Christine von Buttlar, Marianne Karpenstein-Machan, Roland Bauböck*
Anbaukonzepte für Energiepflanzen in Zeiten des Klimawandels
Beitrag zum Klimafolgenmanagement in der Metropolregion Hannover-Braunschweig-Göttingen-Wolfsburg
ISBN 978-3-8382-0525-0

Sie haben die Wahl:

Bestellen Sie die Schriftenreihe
Erdsicht – Einblicke in geographische und geoinformationstechnische Arbeitsweisen
einzeln oder im **Abonnement**

per E-Mail: vertrieb@ibidem-verlag.de | per Fax (0511/262 2201)
als Brief (***ibidem***-Verlag | Leuschnerstr. 40 | 30457 Hannover)

Bestellformular

❒ Ich abonniere die Schriftenreihe *Erdsicht – Einblicke in geographische und geoinformationstechnische Arbeitsweisen* ab Band # ____

❒ Ich bestelle die folgenden Bände der Schriftenreihe *Erdsicht – Einblicke in geographische und geoinformationstechnische Arbeitsweisen*
____; ____; ____; ____; ____; ____; ____; ____; ____; ____

Lieferanschrift:

Vorname, Name ....

Anschrift ....

E-Mail.. | Tel.: ....

Datum .... | Unterschrift ....

Ihre Abonnement-Vorteile im Überblick:

- Sie erhalten jedes Buch der Schriftenreihe pünktlich zum Erscheinungstermin – immer aktuell, ohne weitere Bestellung durch Sie.
- Das Abonnement ist jederzeit kündbar.
- Die Lieferung ist innerhalb Deutschlands versandkostenfrei.
- Bei Nichtgefallen können Sie jedes Buch innerhalb von 14 Tagen an uns zurücksenden.

ibidem-Verlag
Melchiorstr. 15
D-70439 Stuttgart
info@ibidem-verlag.de
www.ibidem-verlag.de
www.edition-noema.de
www.autorenbetreuung.de

FSC
www.fsc.org
MIX
Papier | Fördert gute Waldnutzung
FSC® C083411

Zeitfracht Medien GmbH
Ferdinand-Jühlke-Straße 7
99095 Erfurt, Deutschland
produktsicherheit@kolibri360.de

Mild Stress and Healthy Aging

Applying Hormesis in Aging Research and Interventions